Berichte zu Pflanzenschutzmitteln 2007

Pflanzenschutz-Kontrollprogramm

Bund-Länder-Programm zur Überwachung des Inverkehrbringens und der Anwendung von Pflanzenschutzmitteln nach dem Pflanzenschutzgesetz

Jahresbericht 2007

Inhaltsverzeichnis

1	Zusammenfassung	5
2	Einführung	6
3	Organisation der Verkehrs- und Anwendungskontrolle	7
4	Art und Umfang der Kontrollen	8
4.1	Planung der Kontrollen	8
4.2	Art der Kontrollen	9
4.3	Umfang der Kontrollen	10
4.3.1	Handelsbetriebe	10
4.3.2	Betriebe der Landwirtschaft, der Forstwirtschaft oder des Gartenbaus	10
4.3.3	Anwendung von Pflanzenschutzmitteln auf nicht landwirtschaftlich, forstwirtschaftlich oder gärtnerisch genutzten Flächen	10
5	Maßnahmen bei Beanstandungen	11
5.1	Maßnahmen, die bei Beanstandungen getroffen werden können	11
5.2	Weitere mögliche Konsequenzen für beanstandete Betriebe	11
6	Ergebnisse	12
6.1	Verkehrskontrollen	12
6.1.1	Überwachung der Zusammensetzung und der physikalischen, chemischen und technischen Eigenschaften von Pflanzenschutzmitteln	12
6.1.1.1	Pflanzenschutzmittel, die bestimmte Wirkstoffe enthalten (Planproben)	12
6.1.1.2	Ergebnis der Untersuchungen	12
6.1.1.3	Sonstige parallelimportierte Pflanzenschutzmittel	12
6.1.1.4	Ergebnis der Untersuchungen	13
6.1.1.5	Verdachtsproben	13
6.1.1.6	Ergebnis der Untersuchungen	13
6.1.1.7	Tabellarische Übersicht der Analysen und Ergebnisse	14
6.1.2	Kontrollen im Handel	15
6.1.2.1	Zulassung von Pflanzenschutzmitteln	15
6.1.2.2	Kennzeichnung von Pflanzenschutzmitteln	15
6.1.2.3	Physikalische, chemische und technische Eigenschaften von Pflanzenschutzmitteln	16
6.1.2.4	Selbstbedienungsverbot	16
6.1.2.5	Anzeigepflicht von Handelsbetrieben	16
6.1.2.6	Sachkunde und Unterrichtspflicht	16
6.2	Anwendungskontrollen	17
6.2.1	Bundesweiter Kontrollschwerpunkt: Überprüfung der Abstandsregelungen (Gewässer)	17
6.2.2	Bundesweiter Kontrollschwerpunkt: Anwendung von Insektiziden in Gemüse	18
6.2.3	Anwendungskontrollen in landwirtschaftlichen, gärtnerischen und forstwirtschaftlichen Betrieben	21
6.2.3.1	Pflanzenschutzgeräte in Gebrauch	21
6.2.3.2	Sachkunde der Anwender	22
6.2.3.3	Einhaltung der Anwendungsgebiete	22
6.2.3.4	Einhaltung der Anwendungsbestimmungen und Bienenschutzbestimmungen	22
6.2.3.5	Einhaltung der Anwendungsverbote und -beschränkungen	23
6.2.3.6	Anzeigepflicht von gewerblichen Pflanzenschutzmittelanwendern und -beratern	24
6.2.4	Anwendungskontrollen auf sonstigen Freilandflächen, die nicht landwirtschaftlich, forstwirtschaftlich oder gärtnerisch genutzt werden	24
6.2.4.1	Anwendung von Pflanzenschutzmitteln auf Freilandflächen, die nicht landwirtschaftlich, forstwirtschaftlich oder gärtnerisch genutzt werden	24

	6.2.4.2 Pflanzenschutzgeräte im Gebrauch	25
	6.2.4.3 Sachkunde des Anwenders	25
	6.2.4.4 Anzeigepflicht von gewerblichen Pflanzenschutzmittelanwendern und -beratern	26
6.3	Kontrolle von Pflanzenschutzgeräten	26
	6.3.1 Inverkehrbringen von Pflanzenschutzgeräten	26
	6.3.2 Überprüfung von Pflanzenschutzgeräten im Gebrauch	26
	6.3.3 Überprüfung der Kontrollstellen	27
7	Erläuterungen zu den Fachbegriffen	28
8	Adressen der zuständigen Behörden für die Verkehrs- und Anwendungskontrollen	30

1 Zusammenfassung

In der Bundesrepublik Deutschland überwachen die Behörden der Länder die Einhaltung der Vorschriften, die für das Inverkehrbringen und die Anwendung von Pflanzenschutzmitteln gelten.

Mit dem **Pflanzenschutz-Kontrollprogramm** wurde ab 2004 eine länderübergreifende Initiative zur Verbesserung der Überwachung pflanzenschutzrechtlicher Vorschriften eingeführt. Ziel ist ein bundesweit harmonisiertes Verfahren bei der Durchführung und Berichterstattung der Kontrollen. Das Programm wird nach gemeinsamen Standards auf Grundlage eines abgestimmten Handbuches durchgeführt. Die Festlegung von Kontrolltatbeständen und die Betriebsauswahl erfolgt durch die Länder; zusätzlich werden jährlich bundesweite Schwerpunktkontrollen festgelegt. Der vorliegende Bericht fasst die Ergebnisse des Jahres 2007 zusammen.

Bundesweit wurden in 3.050 Handelsbetrieben Verkehrskontrollen durchgeführt und in 5.811 Betrieben der Landwirtschaft, einschließlich des Gartenbaus und der Forstwirtschaft, Betriebs- oder Anwendungskontrollen vorgenommen. Im Rahmen der Überwachung der Verordnung über Pflanzenschutzmittel und Pflanzenschutzgeräte (Pflanzenschutzmittelverordnung) wurden des Weiteren 72.517 Pflanzenschutzgeräte überprüft. Die Zusammensetzung und physikalische, chemische und technische Eigenschaften von 197 Pflanzenschutzmitteln wurden untersucht.

Das Anbieten von Pflanzenschutzmitteln, deren Zulassung abgelaufen ist, war wie in den vergangenen Jahren ein häufiger Grund für Beanstandungen in Handelsbetrieben (in rund 30 % der kontrollierten Betriebe). Die Beanstandungsquote von 16,4 % aufgrund einer Nichtbeachtung der Anzeigepflicht des Verkaufs von Pflanzenschutzmitteln lag auf dem Niveau wie im Vorjahr (17 %). Bezüglich der Sachkunde und der Unterrichtungspflicht des Verkaufspersonals traten in rund 7 % bzw. rund 4 % der kontrollierten Betriebe Beanstandungen auf. Die Nichteinhaltung des Selbstbedienungsverbots musste in 7,4 % der kontrollierten Betriebe bemängelt werden. Bei den drei letztgenannten Tatbeständen liegen die Beanstandungsquoten leicht unter dem Niveau der Ergebnisse aus dem Jahr 2006. 17,8 % der untersuchten Pflanzenschutzmittelgebinde wiesen Mängel auf. Die Abweichungen von der bei der Erteilung der Verkehrsfähigkeitsbescheinigung zugrunde gelegten bzw. mit der Zulassung festgesetzten Zusammensetzung war bei den Parallelimporten mit 28,6 % höher als bei den in Deutschland zugelassenen Pflanzenschutzmitteln (12,1 %). Die Ergebnisse können nur einen Trend wiedergeben, da sie aufgrund der Probenzahlen nur eine geringe statistische Aussagekraft haben.

Bei Anwendungs- und Betriebskontrollen in landwirtschaftlichen, forstwirtschaftlichen und gärtnerischen Betrieben weichen die Beanstandungsquoten in den verschiedenen Kontrollbereichen von denen des Vorjahres teilweise ab: Bei 1,4 % der kontrollierten Anwender lag kein gültiger Sachkundenachweis vor (2006: 1,6 %). Bei 0,1 % der kontrollierten Schläge, auf denen die Einhaltung der Vorschriften der Pflanzenschutz-Anwendungsverordnung kontrolliert wurde, traten Beanstandungen auf. Auf 6,3 % der kontrollierten Schläge wurden Verstöße bezüglich der Einhaltung der Anwendungsgebiete festgestellt (2006: 5 %). Auf 2,7 % der kontrollierten Schläge wurden Anwendungs- oder Bienenschutzbestimmungen nicht eingehalten (2006: 4,1 %). In bundesweiten Schwerpunkt-Kontrollen wurden die Einhaltung der Abstände zu Gewässern und die Anwendung von Insektiziden in ausgewählten Gemüsekulturen überwacht.

Bei der Überwachung von Anwendungen auf nicht landwirtschaftlich, forstwirtschaftlich oder gärtnerisch genutzten Flächen, auf denen die Anwendung von Pflanzenschutzmitteln nur mit einer behördlichen Genehmigung zulässig ist, wurden insgesamt 1.467 Betriebe und 743 Privatpersonen kontrolliert. Kontrollen auf Flächen, für die behördliche Genehmigungen vorlagen, führten in rund 6 % aller Fälle zu Beanstandungen (2006: 2,2 %). Bei der Kontrolle von Flächen, für die kein Antrag auf Genehmigung der Anwendung von Pflanzenschutzmitteln gestellt war, wurde bei 24,2 % der Fälle eine unzulässige Pflanzenschutzmittel-Anwendung festgestellt (2006: 24,6 %). Diese hohe Beanstandungsquote ist insbesondere das Ergebnis von gezielten Verfolgungsmaßnahmen aufgrund von konkreten Verdachtsmomenten oder aufgrund von Anzeigen Dritter. In vielen Fällen handelte es sich bei den Verstößen um von Laien begangene Zuwiderhandlungen. Die Beanstandungen machen deutlich, dass weiterhin eine intensive Aufklärungs- und Informationsarbeit erforderlich ist.

2 Einführung

Das Pflanzenschutzrecht enthält umfangreiche Bestimmungen zum Inverkehrbringen und zur Anwendung von Pflanzenschutzmitteln, Pflanzenstärkungsmitteln und Zusatzstoffen. Für die Überwachung der Einhaltung dieser Vorschriften sind die Länder zuständig.

Um die Effizienz der Kontrollen zu verbessern, ist im Jahr 2004 ein länderübergreifendes Pflanzenschutz-Kontrollprogramm eingeführt worden. Darin haben die Länder vereinbart, ihre Überwachungsprogramme untereinander abzustimmen und nach einheitlichen Standards zu arbeiten. Unter der Geschäftsführung des Bundesamtes für Verbraucherschutz und Lebensmittelsicherheit (BVL) wurde eine Expertengruppe mit Fachleuten der Länder gegründet, die Empfehlungen für solche Standards in Form eines Handbuchs ausarbeitet und das Kontrollprogramm koordiniert.

Vorrangiges Ziel der Verkehrs- und Anwendungskontrolle ist es, die Einhaltung pflanzenschutzrechtlicher Bestimmungen zu überwachen und die Missachtung von Vorschriften durch angemessene Maßnahmen abzustellen. Falls nötig, werden Verstöße nach dem Pflanzenschutzgesetz geahndet.

Wie in Abb. 1 dargestellt, ist das Pflanzenschutz-Kontrollprogramm als Bestandteil eines umfassenden Systems zu sehen, das die sachgerechte und bestimmungsgemäße Anwendung von Pflanzenschutzmitteln unter Einhaltung des hohen Schutzniveaus für die Gesundheit von Mensch und Tier und den Naturhaushalt zum Ziel hat. Neben der Prüfung und Zulassung von Pflanzenschutzmitteln bilden die Anforderungen an die Qualifikation der Verkäufer und Anwender, die Verwendung geprüfter Geräte, die Beratungstätigkeiten der Behörden und Verbände sowie die Kontrollen durch die Länder ein engmaschiges Netz zur Risikominimierung.

Der vorliegende Bericht gibt die zusammengefassten Ergebnisse für das Kontrolljahr 2007 wieder. Dem Wunsch nach verbesserter Transparenz und Information über diesen Überwachungsbereich wird hierdurch Rechnung getragen.

Die Ergebnisse des Kontrollprogramms sollen unter anderem dazu beitragen, Schwerpunkte bei der Aufklärung und Beratung in den Ländern festzulegen. Hinzu kommt die Festlegung von länderspezifischen und bundesweiten Kontrollschwerpunkten.

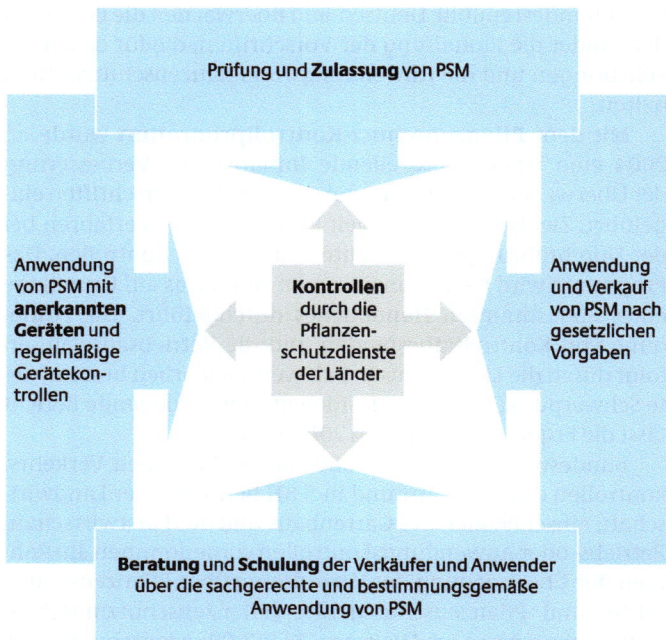

Abb. 1 Bestandteile des Systems zur bestimmungsgemäßen und sachgerechten Anwendung von Pflanzenschutzmitteln (PSM).

Auf der Basis mehrjähriger Beobachtungen sollen zudem Rückschlüsse gezogen werden, ob zum ordnungsgemäßen Inverkehrbringen und zur Sicherstellung der sachgerechten Anwendung von Pflanzenschutzmitteln die bestehenden Rechtsgrundlagen anzupassen sind. Mit den zusammengefassten Daten der Länder erfüllt die Bundesrepublik Deutschland überdies ihre Berichtspflichten gemäß der Richtlinie 91/414/EWG gegenüber der Europäischen Kommission.

3 Organisation der Verkehrs- und Anwendungskontrolle

Die Länder sind zuständig für die Überwachung der Vorschriften des Pflanzenschutzgesetzes (PflSchG) und der erlassenen Verordnungen (z. B. Pflanzenschutz-Anwendungsverordnung, Pflanzenschutzmittelverordnung, Pflanzenschutz-Sachkundeverordnung). Daneben wirken die Zollstellen, das BVL sowie das Julius Kühn-Institut (ehemals Biologische Bundesanstalt für Land- und Forstwirtschaft/BBA) an der Überwachung mit.

Die Verkehrs- und Anwendungskontrollen werden in den Ländern von den zuständigen Behörden als Teil der fachrechtsbezogenen Kontrollaufgaben durchgeführt. Je nach Land sind unterschiedliche Behörden für die Kontrolltätigkeiten zuständig. In Kapitel 8 sind entsprechende Kontaktadressen angegeben. Zu den Aufgaben der Länder gehören die Festlegung länderspezifischer Kontrollschwerpunkte, die Planung und Durchführung der Kontrollen, die Verfolgung von Ordnungswidrigkeiten sowie die Aufbereitung und Weiterleitung der Daten an das BVL zur Erstellung eines jährlichen Berichts auf der Grundlage der Länderdaten. Das BVL übernimmt außerdem die chemische Untersuchung von Pflanzenschutzmittel-Proben, die im Handel gezogen werden.

Das Pflanzenschutz-Kontrollprogramm wird gemeinsam von Bund und Ländern durchgeführt. Hierzu wurde eine Expertengruppe eingesetzt, die u. a. folgende Aufgaben hat:

- Pflege des Handbuches "Pflanzenschutz-Kontrollprogramm",
- Vorlage eines Vorschlags für die jährlichen bundesweiten Kontrollschwerpunkte.

Die Gruppe setzt sich aus Fachleuten aller Länder zusammen; die Geschäftsführung liegt beim BVL. Zu bestimmten Themen gibt es Arbeitsgruppen (AGs). Zu den Arbeitsgruppensitzungen können weitere Fachleute geladen werden; so setzt sich die AG Rückstände und Analytik im Wesentlichen aus Spezialisten für Pflanzenschutzmittelanalysen zusammen. Die Expertengruppe mit ihren AGs hat für das Pflanzenschutz-Kontrollprogramm ein Handbuch erstellt, das als Leitfaden für die praktische Durchführung der Pflanzenschutzkontrollen zu verstehen ist. Es beinhaltet Informationen über die verschiedenen Rechtsgrundlagen und Kontrollbereiche, Vorgaben zu den einzelnen Prüftatbeständen, Aussagen zum Kontrollumfang sowie Hinweise zur Berichterstattung. Die dort genannten Methoden und Muster-Kontrollbögen dienen als Grundlage zur Erstellung von Arbeitsanweisungen und Kontrollverfahren in den einzelnen Ländern. Das Handbuch wird in der Expertengruppe in regelmäßigen Zeitabständen überprüft und den aktuellen Entwicklungen angepasst. Die aktuell gültige Fassung kann von der Internetseite des BVL abgerufen werden: http://www.bvl.bund.de/psmkontrollprogramm

4 Art und Umfang der Kontrollen

Die Länder stellen jährlich Kontrollpläne für den Bereich der Verkehrs- und der Anwendungskontrollen innerhalb des bundesweit geltenden Rahmens auf. Generell finden Kontrollen in folgenden Bereichen statt:

- Überwachung der Einfuhr und des Inverkehrbringens von Pflanzenschutzmitteln, Pflanzenstärkungsmitteln und Zusatzstoffen (Verkehrskontrolle),
- Überwachung der Anwendung von Pflanzenschutzmitteln im landwirtschaftlichen, gärtnerischen und forstwirtschaftlichen Bereich,
- Überwachung der Anwendung von Pflanzenschutzmitteln auf Freilandflächen, die nicht landwirtschaftlich, gärtnerisch oder forstwirtschaftlich genutzt werden.

Innerhalb dieser Bereiche wurden so genannte „Kontrolltatbestände" eingeführt, denen klar definierte Anforderungen zugrunde liegen. In Kapitel 6 sind die einzelnen Tatbestände der Kontrollbereiche näher erläutert.

4.1 Planung der Kontrollen

Handelsbetriebe geben Pflanzenschutzmittel zunehmend auf verschiedenen Vertriebswegen ab. Die Verkehrskontrollen erfolgen deshalb in allen Tätigkeitsfeldern eines Händlers:

- Großhändler, die nicht direkt an Anwender abgeben,
- Betriebe, bei denen ausschließlich professionelle Anwender einkaufen,
- Einzelhändler, die Pflanzenschutzmittel an professionelle Anwender abgeben und/oder für den Haus- und Kleingartenbereich anbieten,
- Versandhändler und Internetanbieter, die sowohl an professionelle Anwender und für den Haus- und Kleingartenbereich verkaufen.

Regional gibt es große Unterschiede bei der Anzahl und Art der Verkaufsstellen: In städtischen Regionen sind überwiegend Baumärkte oder Gartencenter zu kontrollieren, während im ländlichen Raum vor allem Raiffeisenmärkte oder Genossenschaften überprüft werden.

Zu den Verkehrskontrollen gehört auch die Zusammenarbeit mit Zollstellen beim Import von Pflanzenschutzmitteln und die Überprüfung von Anwendern in landwirtschaftlichen oder gärtnerischen Betrieben, die Mittel direkt importiert haben (siehe Beispiel: Zusammenarbeit bei den Kontrollen mit anderen Behörden).

> *Beispiel: Zusammenarbeit bei den Kontrollen mit anderen Behörden*
> Die Pflanzenschutzdienste der Länder arbeiten eng mit anderen Behörden zusammen. Die Zusammenarbeit mit der Lebensmittelüberwachung wird in der Beschreibung der Schwerpunktkontrollen „Insektizide in Gemüse" (Kapitel 6.2.2) beschrieben. In den letzten Jahren wurde die Zusammenarbeit der Pflanzenschutzdienste mit dem Zoll intensiviert, um illegale Importe von Pflanzenschutzmitteln zu stoppen (Abb. 2).
> So wurden z. B. in Nordrhein-Westfalen im deutsch-niederländischen Grenzbereich zusammen mit einer Mobilen Kontrollgruppe des Zolls mehrere Kontrollen im Frühjahr und Herbst durchgeführt. Die Kontrollen fanden an unterschiedlichen Tagen, zu unterschiedlichen Tages- und Nachtzeiten und an einer Vielzahl von Kontrollpunkten statt. Schwerpunktmäßig wurden Privatpersonen daraufhin kontrolliert, ob sie Pflanzenschutzmittel illegal aus dem Ausland importierten. Auch in anderen Ländern z. B. in Schleswig-Holstein, Sachsen-Anhalt wurden Kontrollen gemeinsam mit dem Zoll durchgeführt.
> Bei den Kontrollen konnten keine Verstöße gegen das Pflanzenschutzgesetz festgestellt werden. Dennoch wurden die Kontrollen als sehr sinnvoll angesehen, da neben der Signalwirkung nach außen der persönliche Kontakt zwischen den beteiligten Behörden hergestellt wurde, der für die Zukunft die Zusammenarbeit wesentlich erleichtert. Da gemeinsame Straßenkontrollen mit dem Zoll einen großen Aufwand erfordern, können sie auch zukünftig nur in Einzelfällen durchgeführt werden. Der Zoll führt jedoch eine Vielzahl von Kontrollen durch, z. B. zur Aufdeckung von Markenpiraterie, Zigaretten- oder Drogenschmuggel. Im Rahmen dieser Kontrollen kann in Zukunft auch eine verstärkte Aufmerksamkeit auf illegale Importe von Pflanzenschutzmitteln gelegt werden.

Bei der Auswahl der zu kontrollierenden Handelsbetriebe wird berücksichtigt, dass Großhändler und Händler, die große Mengen an Pflanzenschutzmitteln an Anwender verkaufen, häufiger zu kontrollieren sind als Betriebe mit einem geringen Pflanzenschutzmittelabsatz.

Bei der Planung der Überwachung der Anwendung von Pflanzenschutzmitteln werden die länderspezifischen Gegebenheiten berücksichtigt; hierzu gehören z. B.

- Betriebsgrößen,

Abb. 2 Gemeinsame Kontrollen des Pflanzenschutzdienstes mit dem Zoll (Zollfahrzeug, kontrolliertes Fahrzeug). Quelle: Landwirtschaftskammer Nordrhein-Westfalen.

- Betriebszahlen,
- Anbauschwerpunkte.

So variiert die Zahl der landwirtschaftlichen Betriebe (einschließlich Gartenbau) zwischen 1.362[1] Betrieben in Berlin/Bremen/Hamburg und 129.747[1] Betrieben in Bayern. Insgesamt gibt es in Deutschland rund 396.581[1] Betriebe. Neben der Zahl der Betriebe schwanken auch die Betriebsgrößen. Sie reichen von Flächen unter einem Hektar, die im Nebenerwerb bewirtschaftet werden, bis zu Betrieben mit mehreren tausend Hektar, vor allem in Ostdeutschland.

Die Anzahl und Art der Kontrollen richtet sich auch nach dem Anteil der landwirtschaftlichen Fläche an der Gesamtfläche eines Landes. In Berlin werden beispielsweise nur rund 5[1] % der Landesfläche landwirtschaftlich genutzt, daher liegt hier der Schwerpunkt der Kontrollen auf Flächen, die nicht landwirtschaftlich, forstwirtschaftlich oder gärtnerisch genutzt werden (z. B. Betriebs- oder Verkehrsflächen). Das Land mit dem größten Anteil landwirtschaftlich genutzter Fläche ist Schleswig-Holstein mit 72[1] %.

Die angebauten Kulturen können sich regional ebenfalls stark unterscheiden. Deutlich werden diese Unterschiede z. B. bei Dauerkulturen wie Obstanlagen und Rebland. Obwohl bundesweit nur rund 1[1] % der landwirtschaftlichen Nutzfläche aus Dauerkulturen besteht, können regional die Obstanbaugebiete (z. B. am Bodensee oder im „Alten Land") oder die Weinbaugebiete große Flächen einnehmen.

Die statistischen Angaben zu Flächennutzung und Betriebskennzahlen beziehen sich auf das Jahr 2005[1].

---

[1] Statistisches Bundesamt (2007) Statistisches Jahrbuch für die Bundesrepublik Deutschland 2007, Wiesbaden.

Neben den regionalen Besonderheiten werden bei der Planung der Kontrollen u. a. folgende Informationen berücksichtigt:

- Hinweise über Verstöße aus den Kontrollen der Vorjahre,
- Hinweise über die Anwendung von Pflanzenschutzmitteln in nicht zugelassenen oder nicht genehmigten Anwendungsgebieten aufgrund von Rückstandsfunden der Lebensmittelüberwachung,
- Kulturen mit intensiver Anwendung von Pflanzenschutzmitteln,
- Änderung der Zulassungssituation von Pflanzenschutzmitteln,
- Ergebnisse aus dem Grundwassermonitoring der Länder.

Zusätzlich zu länderspezifischen Kontrollplanungen werden jährlich Schwerpunkte für bundesweite Kontrollen festgelegt. Die Hintergründe und Ergebnisse der Schwerpunktkontrollen 2007 sind in Kapitel 6.2 beschrieben.

4.2
Art der Kontrollen

Im Pflanzenschutz-Kontrollprogramm wird zwischen systematischen Kontrollen und Anlasskontrollen unterschieden.

Systematische Kontrollen erfolgen nach einem vorab erstellten Plan. Sie bieten die Möglichkeit, ein breites Spektrum von einzelnen Kontrolltatbeständen (z. B. bei Betriebskontrollen), aber auch eng abgegrenzte Sachverhalte im Sinne einer risikobasierten Schwerpunktkontrolle (z. B. Kontrolle der Einhaltung von Anwendungsverboten durch Bodenuntersuchungen nach der Anwendung) zu überprüfen. Während einige Kontrolltatbestände zu jeder Zeit überprüft werden können (z. B. Sachkunde des Anwenders oder gültige Prüfplakette auf dem Pflanzenschutzgerät), ergibt sich bei anderen Tatbeständen erst bei der Vor-Ort-Besichtigung, ob eine Kontrolle möglich ist.

Anlasskontrollen dienen dagegen der Feststellung oder Aufklärung von offensichtlichen oder vermuteten Verstößen gegen das Pflanzenschutzrecht. Hierzu gehören beispielsweise Kontrollen nach Anzeigen, aber auch Wiederholungskontrollen in Betrieben, bei denen Mängel in vorherigen Inspektionen festgestellt wurden. Zeigen sich auffällige Ergebnisse bei Rückstandsuntersuchungen im Rahmen der Lebensmittelüberwachung (z. B. Nachweis von Wirkstoffen, die für den Einsatz in einer Kultur nicht zugelassen oder genehmigt sind), können zudem gezielt Kontrollen im Erzeugerbetrieb durchgeführt werden. Es liegt in der Natur der Sache, dass bei Anlasskontrollen häufiger Verstöße gegen das Pflanzenschutzrecht festzustellen sind als bei systematischen Kontrollen.

Werden bei einer systematischen Kontrolle Auffälligkeiten festgestellt, kann dies der Anlass für zusätzliche Kontrollen sein. So können z. B. in Lägern aufgefundene Pflanzenschutzmittel, deren Anwendung verboten ist, dazu führen, dass auf den betriebseigenen Flächen Bodenproben entnommen werden. Mit Hilfe der Analyse von Pflanzen- oder Bodenproben wird geprüft, ob eine verbotene Anwendung stattgefunden hat.

4.3
Umfang der Kontrollen

4.3.1 Handelsbetriebe

Im Jahr 2007 wurden 3.050 Handelsbetriebe kontrolliert.

4.3.2 Betriebe der Landwirtschaft, der Forstwirtschaft oder des Gartenbaus

Im Jahr 2007 wurden insgesamt rund 5.800 Betriebe der Landwirtschaft, der Forstwirtschaft oder des Gartenbaus kontrolliert. Diese Kontrollen setzen sich aus rund 2.300 Betriebskontrollen und rund 3.500 Anwendungskontrollen zusammen. Bei diesen Kontrollen wurden 2.627 Proben (Boden, Pflanzen oder Behandlungsflüssigkeiten) untersucht. Bei 396.581 landwirtschaftlichen Betrieben in Deutschland (im Jahr 2005) ergibt sich eine Kontrollquote von rund 1,5 % der Betriebe.

4.3.3 Anwendung von Pflanzenschutzmitteln auf nicht landwirtschaftlich, forstwirtschaftlich oder gärtnerisch genutzten Flächen

Im Jahr 2007 wurde in 1.467 Firmen oder Betrieben und bei 743 Privatpersonen kontrolliert, ob die gesetzlichen Anforderungen bei der Anwendung von Pflanzenschutzmitteln auf nicht landwirtschaftlich, forstwirtschaftlich oder gärtnerisch genutzten Flächen, z. B. Betriebs- oder Verkehrsflächen, eingehalten wurden.

5 Maßnahmen bei Beanstandungen

5.1 Maßnahmen, die bei Beanstandungen getroffen werden können

Werden bei den Kontrollen Verstöße gegen das Pflanzenschutzgesetz festgestellt, stehen den Kontrollbehörden verschiedene Optionen zur Verfügung, um hierauf zu reagieren:

- Aufklärung des kontrollierten Betriebs über festgestellte Mängel, verbunden mit einer Beratung über den korrekten Umgang mit Pflanzenschutzmitteln oder Pflanzenschutzgeräten.
- Verwarnung des Betriebs, ggf. unter Zahlung eines Verwarnungsgeldes.
- Bei gravierenden Beanstandungen kann vor Ort eine Anordnung getroffen werden, um Mängel sofort abzustellen. Das kann z. B. eine Anordnung zur sofortigen Beendigung einer Anwendung eines Pflanzenschutzmittels mit einer defekten Spritze sein. Es kann auch angeordnet werden, dass ein Betrieb bestimmte Pflanzenschutzmaßnahmen vorab beim Pflanzenschutzdienst anzeigt.
- Verstöße gegen das Pflanzenschutzrecht (§ 40 Pflanzenschutzgesetz) können als Ordnungswidrigkeit verfolgt und mit einem Bußgeld bis zu einer Höhe von 50.000 € geahndet werden.

Bei der Wahl der Maßnahmen werden verschiedene Faktoren berücksichtigt:

- Schwere des Verstoßes, z. B. mögliche Folgen für die Gesundheit von Menschen und Tieren oder für die Umwelt.
- Ursache für den Verstoß, z. B. Unwissenheit oder Nachlässigkeit, oder wissentliches Handeln entgegen den gesetzlichen Bestimmungen (Vorsatz). Bei besonders offensichtlichem Vorgehen oder bei wiederholt festgestellten Verstößen wird vorsatzgleiches Handeln angenommen.

Wurde ein Betrieb beanstandet, kann eine wiederholte Kontrolle erfolgen, um zu überprüfen, ob der Betrieb die Mängel abgestellt hat und entsprechend den Vorgaben des Pflanzenschutzgesetzes handelt.

Ordnungswidrigkeitsverfahren ziehen sich häufig über einen längeren Zeitraum hin, vor allem dann, wenn analytische Befunde oder auch umfangreichere Ermittlungen zur Klärung von Tatbeständen erforderlich sind oder Einspruchs- und Gerichtsverfahren anhängig sind. Die Angaben zur Höhe von erteilten Bußgeldern im Ergebnisteil dieses Jahresberichts spiegeln daher die Spannbreite aller im Kontrolljahr rechtskräftig abgeschlossenen Ordnungswidrigkeitsverfahren wider. Das bedeutet, dass einerseits die Angaben auf Bußgeldverfahren der Vorjahre beruhen können, die 2007 abgeschlossen wurden, und andererseits Ergebnisse einiger Verfahren aus dem Jahr 2007 noch nicht aufgeführt werden konnten, da diese noch nicht rechtskräftig abgeschlossen sind.

Die Anzahl der Beanstandungen in den Ergebniskapiteln enthalten auch die noch laufenden Verfahren. Nach Abschluss des Verfahrens kann sich eine zunächst angenommene Beanstandung nachträglich als nichtig herausstellen.

5.2 Weitere mögliche Konsequenzen für beanstandete Betriebe

Werden bei einem Anwender Verstöße gegen das Pflanzenschutzgesetz festgestellt, kann das zusätzlich Auswirkungen auf die Zahlung von Fördergeldern haben: Die Europäische Union gewährt Direktzahlungen für verschiedene Maßnahmen zur Entwicklung des ländlichen Raumes nach Verordnung (EG) Nr. 1782/2003 des Rates vom 29. September 2003 („Cross Compliance"). Die Gewährung von Direktzahlungen ist an die Einhaltung verbindlicher Vorschriften in Bezug auf die landwirtschaftlichen Flächen, die landwirtschaftliche Erzeugung und die landwirtschaftliche Tätigkeit geknüpft. Diese Vorschriften beinhalten auch den Pflanzenschutz. Die Nichteinhaltung der Vorschriften durch den Landwirt kann zur Kürzung von Zahlungen führen. Die Einhaltung der Vorschriften wird durch spezielle „Cross-Compliance"-Kontrollen überprüft. Gemäß Verordnung (EG) Nr. 795/2004 der Kommission vom 21. April 2004 sollen 1 % der in den Zuständigkeitsbereich einer Behörde fallenden Betriebsinhaber kontrolliert werden. Von Bedeutung ist dabei, dass Verstöße gegen „Cross-Compliance"-Verpflichtungen, die bei Kontrollen im Rahmen des Pflanzenschutz-Kontrollprogramms durch die Fachbehörden festgestellt werden („Cross-Checks"), ebenfalls zu Prämienkürzungen führen.

Als Folge von Kontrollen können auch Ermittlungen auf der Grundlage weiterer Rechtsvorschriften eingeleitet werden. Die Pflanzenschutzdienste arbeiten hierzu mit anderen Behörden zusammen, z. B. mit den Lebensmittelüberwachungsbehörden.

6 Ergebnisse

6.1 Verkehrskontrollen

6.1.1 Überwachung der Zusammensetzung und der physikalischen, chemischen und technischen Eigenschaften von Pflanzenschutzmitteln

6.1.1.1 Pflanzenschutzmittel, die bestimmte Wirkstoffe enthalten (Planproben)

Im Bereich der Verkehrskontrollen wurde für das Jahr 2007 festgelegt, dass stichprobenartig die Zusammensetzung von Pflanzenschutzmitteln im Handel untersucht wird, die einen oder mehrere der folgenden vier Wirkstoffe enthalten:

- MCPA
- Dicamba
- 2,4-D
- Fluroxypyr

Es sollten dabei sowohl zugelassene Originalmittel als auch parallelimportierte Pflanzenschutzmittel überprüft werden. Für diese Kontrollen wurden Pflanzenschutzmittelpackungen im Groß- und Einzelhandel entnommen, an die Abteilung Pflanzenschutzmittel des BVL gesandt und im dortigen Labor für Formulierungschemie untersucht. Alle Planproben wurden auf die folgenden Prüfparameter untersucht:

- Wirkstoffgehalt,
- formulierungstypische physikalische, chemische und technische Eigenschaften (z. B. Emulsionsstabilität, Oberflächenspannung, Verdünnungsstabilität, Korngröße).

In Abhängigkeit von der Zusammensetzung der Pflanzenschutzmittel wurden bei einem Großteil der Proben zusätzlich folgende Parameter ermittelt:

- Gehalt an bestimmten Beistoffsubstanzen,
- Gehalt an bestimmten relevanten Verunreinigungen.

Von den insgesamt 143 eingesandten Planproben stammten 11 Proben aus dem Parallelimport (7,7 %).

6.1.1.2 Ergebnis der Untersuchungen

Bei einem Großteil der untersuchten Proben wurden keine Abweichungen von den Vorgaben festgestellt. Einige Proben von Originalmitteln und von parallelimportierten Mitteln wiesen jedoch abweichende Gehalte bei Wirkstoffen, Beistoffen oder Verunreinigungen auf oder wichen hinsichtlich der Oberflächenspannung von den bei der Zulassung eingereichten Daten ab (siehe Tab. 1 und 2):

- Bei einer Probe lag der ermittelte Wirkstoffgehalt außerhalb des vorgegebenen FAO-Streubereichs.
- 12 weitere Proben enthielten ein Lösungsmittel in deutlich niedrigerer Menge als vorgegeben.
- Bei 13 Proben lag der Gehalt an der Beistoffverunreinigung Naphthalin deutlich über dem bei der Zulassung festgelegten Höchstgehalt.
- Weiterhin wich die Oberflächenspannung von 5 Proben eines Pflanzenschutzmittels erheblich von den bei der Zulassung eingereichten Produktdaten ab.

Die Hauptursachen für die hohe Abweichungsquote bei den Planproben 2007 war zum einen das Inverkehrbringen von alten Pflanzenschutzmitteln (das älteste Mittel wurde vor 8 Jahren produziert), deren Zusammensetzung hinsichtlich der eingesetzten Beistoffe und deren Gehalte an toxischen Verunreinigungen nicht mehr den aktuellen Zulassungsbedingungen entsprach. Zum anderen wurden bei einigen Pflanzenschutzmittelproben zum Teil nicht zulassungskonforme Komponenten bei der Produktion verwendet.

Insgesamt wichen 20 Pflanzenschutzmittelproben hinsichtlich einer oder mehrerer der oben genannten Prüfparameter ab. Daraus ergibt sich eine Mängelquote von 14,0 %. Eine differenzierte Betrachtung der Mängel bei Proben von Originalmitteln und parallelimportierten Mitteln zeigt, dass parallelimportierte Mittel mit 36,4 % eine höhere Mängelquote als die in Deutschland zugelassenen Mittel mit 12,1 % aufweisen. Die genannten Quoten haben aufgrund der zu Grunde gelegten geringen Probenzahlen keine statistische Aussagekraft, sondern geben nur einen Trend wieder.

6.1.1.3 Sonstige parallelimportierte Pflanzenschutzmittel

In den vorausgegangenen Jahren wurde festgestellt, dass es oftmals nicht möglich war, Parallelimporte zu den Pflanzenschutzmitteln im Handel zu finden, die für die Planproben ausgewählt waren. Um einen Überblick über die Produktqua-

Tab. 1 Prüfung auf Produktqualität im Jahr 2007 – Übersicht der Proben mit Mängeln in der Zusammensetzung.

	Kontrollen (Anzahl)	Mängel (Anzahl, prozentual)
Anzahl kontrollierter Pflanzenschutzmittel, Summe	197	35 (17,8 %)
davon systematische Kontrollen (MCPA, Dicamba, 2,4-D, Fluroxypyr)	143	20 (14,0 %)
– davon Originalmittel	132	16 (12,1 %)
– davon Parallelimporte	11	4 (36,4 %)
davon systematische Kontrollen (sonstige Parallelimporte)	24	6 (25,0 %)
davon Anlasskontrollen (Verdachtsproben)	30	9 (30,0 %)

lität von Parallelimporten zu erhalten, wurde vereinbart, dass auch Parallelimport-Gebinde an das BVL zur Untersuchung gesendet werden können, die weder den Planproben (mit den festgelegten Wirkstoffen) noch den Anlassproben zugeordnet werden können. Es wurden 24 Parallelproben untersucht, die in den tabellarischen Übersichten als sonstige Parallelimporte unter den Planproben aufgeführt sind.

Alle Proben des Schwerpunktes Parallelimport wurden auf ihren Wirkstoffgehalt untersucht. In Abhängigkeit von der Art des Mittels wurden bei einem Großteil der Proben zusätzlich folgende Parameter ermittelt:

- der Gehalt an bestimmten Beistoffsubstanzen,
- der Gehalt an bestimmten relevanten Verunreinigungen,
- formulierungstypische physikalische, chemische und technische Eigenschaften (Korngröße und Dichte),
- das GC/MS-Chromatogramm.

6.1.1.4 Ergebnis der Untersuchungen

Bei einem Großteil der untersuchten Parallelimportproben wurden keine Abweichungen von den Vorgaben festgestellt (siehe Tab. 1 und 2).

- Bei einer Probe lag der Wirkstoffgehalt außerhalb des vorgegebenen FAO-Streubereichs.

- Hinsichtlich des Gehaltes an einem Stabilisator wichen vier weitere Proben von den Vorgaben ab. Dabei enthielten drei Proben den Stabilisator gar nicht oder in deutlich geringeren Mengen als vorgegeben und bei einer Probe lag der ermittelte Stabilisatorgehalt oberhalb des vorgegebenen Toleranzbereichs.
- Eine weitere Probe wich hinsichtlich zweier physikalischer, chemischer und technischer Eigenschaften deutlich von den bei der Zulassung eingereichten Produktdaten ab.
- In der Regel zeigten auch die GC/MS-Chromatogramme der Proben, die in einem der oben genannten Prüfparameter von den Vorgaben abwichen, Unterschiede zu denen der Referenzmittel.

Betrachtet man die Ergebnisse aller 35 eingesandten Parallelimport-Proben (Planproben und sonstige Parallelimporte), so ergeben sich insgesamt 10 Proben mit Mängeln, woraus sich eine Mängelquote von 28,6 % ergibt. Diese ist deutlich höher als die Mängelquote, die bei den 132 Proben von in Deutschland zugelassenen Pflanzenschutzmitteln festgestellt wurde (14,4 %).

6.1.1.5 Verdachtsproben

Es wurden insgesamt 30 Verdachtsproben analysiert, die sich folgendermaßen zusammensetzten: 7 in Deutschland zugelassene Pflanzenschutzmittel, 23 Parallelimporte. Im Einzelfall wurde entschieden, welche Parameter zu untersuchen sind. In jedem Fall waren dies der Wirkstoffgehalt und bei flüssigen Formulierungen die Dichte. Je nach Fragestellung und Probe wurden aber auch weitere Parameter wie z. B. der Gehalt an ausgesuchten Beistoffen und physikalische, chemische und technische Eigenschaften wie pH-Wert, Oberflächenspannung und Korngrößenverteilung untersucht. Relativ häufig wurde als Screening-Verfahren ein GC/MS-Chromatogramm der Probe aufgenommen und dieses mit dem Referenzmittel verglichen.

6.1.1.6 Ergebnis der Untersuchungen

Bei den eingesandten Verdachtsproben, die über eine Zulassung nach § 15 PflSchG verfügen, wurde keine Beanstandung festgestellt, wobei die Gesamtzahl der Proben mit 7 sehr gering war.

Bei den 23 untersuchten Proben aus dem Bereich Parallelimport stimmten bei 15 Proben die untersuchten Parameter

Tab. 2 Festgestellte Abweichungen von den Zulassungsdaten bei Proben aus dem Pflanzenschutz-Kontrollprogramm im Jahr 2007.

Analysenparameter	Planproben MCPA, Dicamba, 2,4-D, Fluroxypyr	Planproben sonstige Parallelimporte	Verdachtsproben
Art des Wirkstoffs	0	0	0
Gehalt des Wirkstoff	1	1	0
Verunreinigungen	13[1]	0	3
Beistoffe	12[2]	4	4
Phys. chem. Eigenschaften	5	2	13

[1] von den 13 abweichenden Proben sind 2 parallelimportierte Mittel
[2] von den 12 abweichenden Proben sind 4 parallelimportierte Mittel

mit denen des Referenzprodukts überein. Bei 8 Proben parallelimportierter Mittel wurden Beanstandungen festgestellt; dies entspricht einer Beanstandungsquote von 34,7 %. Eine Entscheidung über die Identität des Parallelimports konnte hier aber nicht in allen Fällen getroffen werden, da aufgrund fehlender PI-Nummer keine Informationen darüber vorlagen, aus welchem Herkunftsland der Import stammte.

Mehrere Verdachtsproben betrafen ein importiertes Mittel, bei dem der Verdacht bestand, dass der Vertrieb nicht auf legale Weise erfolgt. Die Untersuchungen zeigten bei allen Proben, dass der zulässige Höchstgehalt der relevanten Wirkstoffverunreinigung Ethylendibromid um mehr als das Zehnfache überschritten war. Weiterhin konnten Abweichungen in der Oberflächenspannung, beim Gehalt eines Repellents und im GC/MS-Screening festgestellt werden.

Drei Verdachtsproben waren aufgrund von Schäden im behandelten Pflanzenbestand oder in der Fauna genommen worden. Die Analytik ergab jedoch hinsichtlich der untersuchten Parameter Wirkstoffgehalt, Screening und ausgewählte physikalische, chemische und technische Eigenschaften keine Hinweise auf die Ursache für die festgestellten Schäden.

6.1.1.7 Tabellarische Übersicht der Analysen und Ergebnisse

In Tab. 1 ist aufgeschlüsselt, wie sich die 197 kontrollierten Pflanzenschutzmittelgebinde auf die drei unterschiedlichen Probenarten verteilen. Den größten Anteil (143) bilden die Planproben, die einen oder mehrere der folgenden Wirkstoffe enthielten: MCPA, Dicamba 2,4-D oder Fluroxypyr. Weitere Kontrollen von zufällig ausgewählten Parallelimporten fanden bei 24 Pflanzenschutzmitteln statt. Aufgrund eines Verdachts oder konkreten Anlasses wurden 30 Pflanzenschutzmittel analysiert.

In Tab. 2 ist angegeben, welche Mängel bei den untersuchten Pflanzenschutzmitteln festgestellt wurden.

Die Gesamtzahl der durchgeführten Analysen von Pflanzenschutzmittelproben durch das BVL ist in Tab. 3 aufgeführt.

> *Beispiel: Verkehrsfähigkeit von Parallelimporten*
> Aufgrund des unterschiedlichen Preisniveaus werden Pflanzenschutzmittel von Anwendern oder Handelsunternehmen häufig aus anderen Mitgliedstaaten der Europäischen Union nach Deutschland importiert. Dies ist wegen der Freiheit des Warenverkehrs grundsätzlich möglich.
>
> Nach der Änderung des Pflanzenschutzgesetzes vom 22. Juni 2006 bedürfen diese so genannten Parallelimporte keiner eigenen Zulassung, wenn sie in einem Mitgliedstaat der EU oder des EWR zugelassen sind und in der Zusammensetzung mit einem in Deutschland zugelassenen Pflanzenschutzmittel („Referenzmittel") übereinstimmen. Im Handel befindliche Importe müssen seit dem 1. Januar 2007 durch eine vom BVL erteilte Verkehrsfähigkeitsbescheinigung anerkannt sein. Diese Bescheinigung zeigt, dass das Importmittel vom BVL überprüft wurde und einem in Deutschland zugelassenen Pflanzenschutzmittel entspricht. Dadurch wird gewährleistet, dass die Importe die Anforderungen erfüllen, die das Pflanzenschutzgesetz an Produktqualität und Sicherheit für Anwender, Verbraucher und Umwelt stellt. Nachgeahmte Produkte, oft als Generika bezeichnet, die keine Zulassung in einem Mitgliedstaat der EU oder des EWR besitzen, sind keine Parallelimporte und dürfen ohne Zulassung nicht vermarktet werden. Die Liste der erteilten Verkehrsfähigkeitsbescheinigungen wird vom BVL im Bundesanzeiger und im Internet bekannt gemacht.
>
> Ein parallel eingeführtes Pflanzenschutzmittel ist bei Einfuhr oder Inverkehrbringen mit seiner Bezeichnung, dem Namen und der Anschrift des Inhabers der Verkehrsfähigkeitsbescheinigung und der vom BVL mit der Verkehrsfähigkeitsbescheinigung erteilten Nummer zu kennzeichnen.
>
> Durch die mit der Gesetzesänderung vorgeschriebene Prüfung auf Verkehrsfähigkeit und Kennzeichnung der Verpackung von Parallelimporten wird die Kontrolle vereinfacht. Bei den Kontrollen im Handel wird geprüft, ob nur zugelassene Pflanzenschutzmittel bzw. Pflanzenschutzmittel mit einer gültigen Parallelimportnummer verkauft werden. Über die Analyse von Stichproben wird zudem untersucht, ob die Pflanzenschutzmittel in ihrer Zusammensetzung den Anforderungen der Zulassung bzw. Bescheinigung der Verkehrsfähigkeit entsprechen.

Analysenparameter	Planproben MCPA, Dicamba, 2,4-D, Fluroxypyr		Planproben sonstige Parallelimporte		Verdachtsproben	
	Analysen	Mängel	Analysen	Mängel	Analysen	Mängel
Art des Wirkstoffs	222	0	27	0	29	0
Gehalt des Wirkstoffs	222	1	27	1	28	0
Verunreinigungen	48	13	4	0	9	3
Beistoffe	137	12	16	4	28	4
Screening-Verfahren[3]	–	–	18	6	39	7
phys.-chem., techn. Eigenschaften	545	5	56	2	123	13
insgesamt	952[4]	31	121[4]	13	227[4]	27

Tab. 3 Durchgeführte Analysen bei Proben aus dem Pflanzenschutz-Kontrollprogramm im Jahr 2007.

[3] z. B. GC/MS-Spektrum, LC/MS-Spektrum, IR-Spektrum, Dünnschichtchromatographie
[4] qualitative und quantitative Bestimmung des Wirkstoffs gilt als eine Bestimmung pro Probe

6.1.2 Kontrollen im Handel

Verkehrskontrollen erfolgen in der Regel unangemeldet. Überprüft werden sowohl Groß- und Einzelhandel als auch Versand- und Internethandel. Die Kontrollen erfassen einen großen Anteil der Handelsbetriebe, um besonders dem Risiko des Einkaufs und des Anwendens nicht zugelassener Pflanzenschutzmittel entgegenzuwirken. Damit nehmen die Kontrollen der Handelsbetriebe eine Schlüsselstellung im Pflanzenschutz-Kontrollprogramm ein.

6.1.2.1 Zulassung von Pflanzenschutzmitteln

Pflanzenschutzmittel dürfen nur in den Verkehr gebracht werden, wenn sie vom BVL zugelassen sind. Pflanzenschutzmittel, die in anderen Mitgliedstaaten der EU oder des Europäischen Wirtschaftsraumes (EWR) zugelassen sind und gleichzeitig mit hier zugelassenen Mitteln identisch sind, benötigen keine eigene Zulassung, aber eine Verkehrsfähigkeitsbescheinigung, die beim BVL beantragt wird. Pflanzenschutzmittel dürfen aus Staaten außerhalb der EU nur über die Zollstellen eingeführt werden, die für die Ein- und Ausfuhr von Pflanzenschutzmitteln aus oder in Drittstaaten bekannt gegeben sind.

In Tab. 4 ist die Anzahl der Betriebe aufgeführt, in denen die Zulassung der angebotenen Mittel überprüft wurde sowie die Anzahl der beanstandeten Betriebe. Hieraus ergibt sich, dass in 2.782 Betrieben überprüft wurde, ob nur zugelassene Pflanzenschutzmittel bzw. gelistete Pflanzenstärkungsmittel und Zusatzstoffe vertrieben werden. Bei insgesamt 30 % der Betriebe wurden Verstöße festgestellt und Bußgelder in einer Höhe bis zu 30.000 € erteilt. Insgesamt wurden 2.374 Mittel beanstandet.

Zusätzlich zu den Handelsbetrieben wurden Internetangebote überprüft. Hierzu gehört beispielsweise, dass regelmäßig das in eBay eingestellte Angebot an Pflanzenschutzmitteln gesichtet wird. Eine detaillierte Beschreibung der Kontrolltätigkeiten ist als Beispiel „Überwachung des Handels mit Pflanzenschutzmitteln in eBay 2007" gegeben.

Tab. 4 Kontrollen zur Zulassung von Pflanzenschutzmitteln, zur Listung von Pflanzenstärkungsmitteln und Zusatzstoffen und zu Einfuhrverboten für Saat- und Pflanzgut im Jahr 2007.

	Kontrollen (Anzahl)	Beanstandungen (Anzahl, prozentual)
Anzahl kontrollierter Betriebe, Summe	2.782	846 (30,4 %)
davon systematische Kontrollen	2.637	780 (29,6 %)
davon Anlasskontrollen	145	66 (43,4 %)

Beispiel: Überwachung des Handels mit Pflanzenschutzmitteln in eBay 2007
Der Pflanzenschutzdienst Nordrhein-Westfalen, vertretungsweise Berlin, sichtet werktäglich die Pflanzenschutzmittel-Angebote in eBay. Bei bestimmten Stichworten werden von eBay automatisch Meldungen an den Pflanzenschutzdienst geschickt, wenn neue Produkte eingestellt werden.
   Bei diesen Angeboten wird geprüft, ob
1) ein zugelassenes, deutsch etikettiertes Pflanzenschutzmittel angeboten wird,
2) die Auslobung Verbote und Beschränkungen ausweist.

Vorgehensweise bei unzulässigen Pflanzenschutzmittelangeboten von eBay
Wird ein Pflanzenschutzmittel angeboten, das offensichtlich nicht handelsfähig ist (erkennbar ausländische Ware, Anbruch, Eigenabfüllung) oder das eBay-Mitglied stellt sich als Privatverkäufer dar und erweckt den Eindruck, nicht sachkundig im Sinne des Pflanzenschutzgesetzes zu sein, wird eBay per Mail und Fax informiert mit der Bitte, das unzulässige Angebot zu streichen und Namen und Adresse des eBay-Mitglieds zu nennen. Dies geschieht in der Regel sehr kurzfristig. Der zuständige Landespflanzenschutzdienst erhält einen Ausdruck des Angebots und die Bitte, in eigener Zuständigkeit gegen den Anbieter vorzugehen.

Ergebnis
Bis Ende November 2007 wurden 169 eBay-Angebote beanstandet und entfernt, der jeweils zuständige Pflanzenschutzdienst informiert. Beanstandet wurden insgesamt 32 verschiedene Pflanzenschutzmittel. Spitzenreiter waren dabei Roundup und andere Glyphosat-haltige Herbizide, gefolgt von Bi 58 (Wirkstoff: Dimethoat) – häufig im 1-l-Gebinde polnischer Herkunft. Exoten wie Ruscalin, Sensi Boost, Casoron, Unex, Malaleuka, kolloidales Silberwasser, namenlose Herbizide aus Frankreich wurden ebenfalls gesichtet und der Vertrieb unterbunden. Nachfolgend aufgelistet sind die am häufigsten beanstandeten Pflanzenschutzmittel:

Eingestelltes Pflanzenschutzmittel	Zahl der beanstandeten Angebote
Roundup/Glyphosat-Präparate	44
Bi 58	21
Clonex und Rhizopon	18 und 5
Kolloidales Silberwasser	11
Schneckenkorn	9
Aus die Laus	8

Die zuständigen Pflanzenschutzdienste erteilten Verwarnungen, auch mit Verwarnungsgeld, Untersagungsverfügungen oder Bußgelder.

6.1.2.2 Kennzeichnung von Pflanzenschutzmitteln

Sämtliche vorgeschriebenen Angaben zur Kennzeichnung eines Pflanzenschutzmittels müssen grundsätzlich auf den Behältnissen und abgabefertigen Packungen stehen. Während in der Regel alle kontrollierten Mittel auf ihren Zulassungsstatus überprüft werden, kann eine Überprüfung der Kennzeichnung mit ihren umfangreichen Angaben nur stichprobenartig erfolgen.

Es wurden 19.946 Pflanzenschutzmittel kontrolliert und 305 Mittel beanstandet. Es wurden Bußgelder bis zu 800 € erteilt.

6.1.2.3 Physikalische, chemische und technische Eigenschaften von Pflanzenschutzmitteln

Die Pflanzenschutzdienste entnehmen Pflanzenschutzmittel-Proben im Handel, die durch das BVL analysiert werden. Untersucht wird, ob Wirkstoffgehalt und physikalische, chemisch-technische Eigenschaften der Zulassung und den Spezifikationen entsprechen, die für den Formulierungstyp im „Manual on the development and use of FAO and WHO specifications for pesticides" aufgeführt sind. Die Ergebnisse sind im Kapitel 6.1.1 aufgeführt.

6.1.2.4 Selbstbedienungsverbot

Pflanzenschutzmittel dürfen nicht durch Automaten oder durch andere Formen der Selbstbedienung in den Verkehr gebracht werden. Diese Regelung traf 2007 auch noch für Pflanzenstärkungsmittel und Zusatzstoffe zu. Das Selbstbedienungsverbot gilt für alle Handelsstufen. Dieses Verbot ist dann nicht beachtet, wenn sich der Kunde das Mittel selbst aus dem Regal oder Lager holen kann, ohne dabei in Ladenbereiche zu gelangen, die für ihn gesperrt sind. Bei der Kontrolle wird überprüft, ob die Aufstellflächen für Pflanzenschutzmittel, Pflanzenstärkungsmittel und Zusatzstoffe diesen Anforderungen genügen. Die Ergebnisse sind in Tab. 5 aufgeführt.

Tab. 5 Kontrollen zum Selbstbedienungsverbot für Pflanzenschutzmittel, Pflanzenstärkungsmittel und Zusatzstoffe im Jahr 2007.

	Kontrollen (Anzahl)	Beanstandungen (Anzahl, prozentual)
Anzahl kontrollierter Betriebe, Summe	2.825	209 (7,4 %)
davon systematische Kontrollen	2.713	186 (6,9 %)
davon Anlasskontrollen	112	23 (20,5 %)

Insgesamt wurden 2.825 Betriebe kontrolliert. Die Gesamtbeanstandungsquote von 7,4 % liegt unter der von 2006 (10 %). Aufgrund der Beanstandungen wurden Bußgelder in einer Höhe bis zu 250 € erteilt.

6.1.2.5 Anzeigepflicht von Handelsbetrieben

Der Anzeigepflicht nach § 21a PflSchG unterliegen alle Betriebe, die Pflanzenschutzmittel zu gewerblichen Zwecken oder im Rahmen sonstiger wirtschaftlicher Unternehmungen in den Verkehr bringen oder zu gewerblichen Zwecken einführen wollen (z. B. Landhandel, Genossenschaften, Bezugsgemeinschaften, Floristen- und Drogistenbedarf, Garten-Center, Blumenläden, Baumärkte, Haushaltswarengeschäfte, Drogerien, Apotheken). Die Anzeigepflicht gilt nicht für Landwirte, die Pflanzenschutzmittel nur für den eigenen Betrieb einführen. Diese Betriebe sind von daher nicht in die allgemeine Verkehrskontrolle einbezogen.

Außer über systematische und anlassbezogene Betriebskontrollen wird anhand von Listen der gemeldeten Betriebe überprüft, ob die anzeigerelevanten betrieblichen Tätigkeiten gemäß § 21a PflSchG gemeldet wurden. Kontrollen können auch aufgrund von Nachfragen bei Gewerbeaufsichtsämtern, Handelskammern oder Recherchen im Branchenbuch stattfinden.

Tab. 6 Kontrollen zur Einhaltung der Anzeigepflicht (Handelsbetriebe) im Jahr 2007.

	Kontrollen (Anzahl)	Beanstandungen (Anzahl, prozentual)
Anzahl kontrollierter Betriebe, Summe	2.621	430 (16,4 %)

Die Beanstandungsquote liegt wie im Vorjahr bei rund 16 % bei insgesamt 2.621 kontrollierten Betrieben (Tab. 6). Beanstandungen bei der Meldepflicht für Handelsunternehmen ergaben sich teilweise auch aus speziellen Länderregelungen, nach denen u. a. Änderungen im Personenkreis der Pflanzenschutzmittelverkäufer mitteilungspflichtig sind, sodass fehlende Mitteilungen zu Beanstandungen führten. In Ordnungswidrigkeitsverfahren wurden Bußgelder bis zu einer Höhe von 400 € erteilt.

6.1.2.6 Sachkunde und Unterrichtungspflicht

Jede Person, die Pflanzenschutzmittel an den Endverbraucher abgibt, muss die erforderliche Zuverlässigkeit und Sachkunde haben. Sie muss des Weiteren den Käufer über die Anwendung des Pflanzenschutzmittels, insbesondere über Verbote und Beschränkungen, unterrichten. Bei einer Kontrolle wird das Verkaufspersonal zunächst darüber befragt, wer Pflanzenschutzmittel verkauft. Wenn der Betrieb das so genannte Anzeigeverfahren bereits durchgeführt hat, wird gegebenenfalls geprüft, ob der Abgebende den Kontrollbehörden bekannt ist. Sollte dies nicht der Fall sein, wird der Verkäufer / die Verkäuferin aufgefordert, seine / ihre Sachkunde nachzuweisen. Der Nachweis der „Abgeber-Sachkunde" kann erbracht werden

- durch die Vorlage eines Zeugnisses über die bestandene Berufsabschluss-, Fortbildungs- oder Umschulungsprüfung oder über ein abgeschlossenes Hoch- oder Fachhochschulstudium in bestimmten Berufsgruppen oder über
- ein Prüfungszeugnis nach der Pflanzenschutz-Sachkundeverordnung oder
- eine Bescheinigung der zuständigen Behörde nach dem Muster der Anlage 2 zur Pflanzenschutz-Sachkundeverordnung.

Die Ergebnisse der Kontrollen in 2.873 Betrieben sind in Tab. 7 aufgeführt. Wie im Jahr 2006 (6,7 %) wurden in 7 % der 2.873 kontrollierten Betriebe fehlende fachliche Kenntnisse des Verkaufspersonals beanstandet. Auf die kontrollierten Personen bezogen liegen die Beanstandungsquoten im Jahr 2006 und 2007 bei 3,4 %.

Zur Überprüfung der fachlichen Kenntnisse und der Unterrichtungspflicht wurden neben Befragungen auch anonyme Testkäufe durch die Mitarbeiter der Pflanzenschutzdienste durchgeführt. Die Ergebnisse der Kontrollen in 1.192 Betrieben sind in Tab. 8 aufgeführt. In 3,8 % der überprüften Betriebe

Tab. 7 Kontrollen zu erforderlichen fachlichen Kenntnissen (Sachkunde) der Pflanzenschutzmittelabgeber im Einzel- und Versandhandel im Jahr 2007.

	Kontrollen (Anzahl)	Beanstandungen (Anzahl, prozentual)
Anzahl kontrollierter Betriebe, Summe	2.873	201 (7,0 %)
Anzahl kontrollierter Personen, Summe	5.834	197 (3,4 %)

Tab. 8 Kontrollen zur Unterrichtungspflicht der Pflanzenschutzmittelabgeber im Einzel- und Versandhandel im Jahr 2007.

	Kontrollen (Anzahl)	Beanstandungen (Anzahl, prozentual)
Anzahl kontrollierter Betriebe, Summe	1.192	45 (3,8 %)
Anzahl kontrollierter Personen, Summe	1.168	60 (5,1 %)

wurden Mängel festgestellt und Bußgelder bis zu einer Höhe von 700 € erteilt. Im Vergleich zum Vorjahr ergaben sich bei den Kontrollen zur Unterrichtungspflicht eine leicht rückläufige Beanstandungsquote von 3,8 % der kontrollierten Betriebe im Vergleich zum Vorjahr (2006: 5,1 %); auf die kontrollierten Personen bezogen liegen die Beanstandungsquoten im Jahr 2006 und 2007 bei 5,1 %.

6.2 Anwendungskontrollen

6.2.1 Bundesweiter Kontrollschwerpunkt: Überprüfung der Abstandsregelungen (Gewässer)

Wie bereits in den Jahren 2005 und 2006 wurde auch im Jahr 2007 die Einhaltung von Abständen zu Gewässern bei der Anwendung von Pflanzenschutzmitteln in einem bundesweiten Schwerpunkt kontrolliert.

Bei der Planung von Kontrollen ist schwer vorhersehbar, ob Spritzgeräte während der Applikation angetroffen werden können. Daher wurde vereinbart, dass die Kontrollen in der Regel über die Entnahme von Boden- und/oder Pflanzenproben auf dem behandelten Schlag erfolgen sollten. Die Beprobungen wurden entsprechend der im Handbuch beschriebenen Vorgehensweise durchgeführt: Auf einem Schlag wurde zum einen eine Mischprobe von Boden und/oder Pflanzen in der Feldmitte entnommen und zum anderen eine Mischprobe am Feldrand.

Anhand der gemessenen Konzentrationsunterschiede lässt sich beurteilen, ob grobe Verstöße gegen die Abstandsauflagen aufgetreten sind. Insbesondere im Fall von Herbiziden kann auch eine visuelle Kontrolle der Feld- und Gewässerränder Hinweise über Verstöße geben, wenn beispielsweise die Vegetation direkt am Gewässer auffällig braun verfärbt oder abgestorben ist.

Die Kontrollen im Jahr 2007 fanden in verschiedenen Feld- und Raumkulturen statt:

- Getreide (Winter- und Sommergerste, Winter- und Sommerweizen, Winterroggen, Wintertriticale, Triticale und Hafer),
- andere Feldkulturen wie Mais, Zuckerrübe, Raps, Kartoffel, Sonnenblume, Erbse und Futtererbse,
- Gemüse, Obst und Kräuter wie Möhre, Weißkohl, Spargel, Erdbeere und Baldrian,
- Grünland, Grünlandumbruch,
- Hopfen und Apfel,
- landwirtschaftlich, forstwirtschaftlich oder gärtnerisch nicht genutzte Flächen (Nichtkulturland).

In Tab. 9 sind die Anzahl der kontrollierten Schläge und die Ergebnisse genauer aufgeführt. Im Berichtsjahr wurde auf 455 Schlägen von insgesamt 443 verschiedenen Betrieben die Einhaltung von Abständen zu Gewässern überprüft. Hierzu wurden insgesamt 612 Boden- und Pflanzenproben untersucht. Bei 44 der 455 überprüften Schläge fand die Kontrolle während der Anwendung von Pflanzenschutzmitteln statt.

In 43 von 443 kontrollierten Betrieben wurden Verstöße gegen das Pflanzenschutzgesetz festgestellt (9,7 %). Die Beanstandungen setzten sich folgendermaßen zusammen: Von insgesamt 455 kontrollierten Schlägen wurden auf 43 Schlägen (9,5 %) kein oder ein zu geringer Mindestabstand eingehalten. Bei drei dieser Kontrollen wurde festgestellt, dass die Grabenböschung bzw. der Graben mit behandelt wurde und in zwei Fällen erfolgte eine Anwendung auf nicht landwirtschaftlich, forstwirtschaftlich oder gärtnerisch genutzten Flächen (Nichtkulturland) unmittelbar an einem Gewässer.

Tab. 9 Ergebnisse der Schwerpunktkontrolle Gewässerabstände für das Jahr 2007 (schlagbezogene Ergebnisse).

Kontrolltyp	Anzahl untersuchter Schläge	Ergebnisse der Kontrollen		
		Keine Beanstandungen	Beanstandung (Abstand zu gering)	Weitere Beanstandungen (siehe Text)
Während der Anwendung	44	44	0	0
Nach der Anwendung	411	368	41	2

	2005	2006	2007
Anzahl kontrollierter Schläge	394	455	455
Anzahl Verstöße*	46 von 350	61 von 445	43 von 455
Beanstandungsquote (in %)	(13,1 %)	(13,7 %)	(9,5 %)

Tab. 10 Ergebnisse der Schwerpunktkontrolle Gewässerabstände in den Jahren 2005 bis 2007.

* Berechnung bezogen auf die Anzahl der Schläge, bei denen die Verfahren zum Zeitpunkt der Meldungen an das BVL abgeschlossen waren

Fazit: Nachfolgend sind zusammenfassend die Ergebnisse des Kontrollschwerpunkts über die vergangenen drei Jahre aufgeführt.

Die Ergebnisse der letzten drei Jahren zeigen, dass die mit der Zulassung von Pflanzenschutzmitteln erlassenen Bestimmungen zur Einhaltung von Abständen zu Gewässern immer noch nicht ausreichend eingehalten werden. In einigen Fällen wurden Pflanzenschutzmittel vorschriftswidrig unmittelbar an Gewässern und teilweise auch auf der Uferböschung angewendet. Diese Anwendungen sind nicht akzeptabel oder entschuldbar und werden im Rahmen der gesetzlichen Regelungen geahndet.

Es ist allerdings allgemein anerkannt, dass die Regelungen zum Schutz der Oberflächengewässer für die Anwender teilweise zu kompliziert formuliert sind und Missverständnisse und Fehlinterpretationen dadurch nicht ausgeschlossen sind. In einigen Fällen wurden auch Anwendungsbestimmungen bei bestehenden Zulassungen geändert. Die Einführung einfacherer Regelungen wird daher seit Jahren von Anwendern, Beratern und Kontrolleuren gefordert.

Zukünftig wird weiterhin in den Ländern die Einhaltung der Abstände zu Gewässern bei der Anwendung von Pflanzenschutzmitteln nicht nur überwacht werden, sondern auch die einhergehende Beratungsoffensive fortgesetzt. Verstöße gegen das Pflanzenschutzgesetz – wie hier gegen Bestimmungen zum Schutz der Gewässer – führen zusätzlich zu möglichen Bußgeldern zu einer obligatorischen Kürzung von Fördergeldern (siehe Kapitel 5.2). Die Einführung dieser Regelung im Jahr 2006 könnte ein Grund für die Abnahme der Beanstandungsquote im Vergleich zu den Vorjahren sein.

6.2.2 Bundesweiter Kontrollschwerpunkt: Anwendung von Insektiziden in Gemüse

Als neuer Schwerpunkt für das Jahr 2007 wurde die Kontrolle der Anwendung von Insektiziden in Gemüse festgelegt. Im Speziellen wurden Salate (Kopfsalat, Eissalat, Pflücksalat), Gurken, Tomaten, Karotten (Möhren) und Kopfkohl (Rot-, Weiß-, Spitz- und Wirsingkohl) beprobt. Obwohl Gemüsekulturen auf einer vergleichsweise kleinen Fläche angebaut werden, sind diese Kulturen von besonderem Interesse, da sie einerseits einen relativ hohen Anteil in der Nahrung darstellen und andererseits kulturbedingt höhere Rückstände von Pflanzenschutzmitteln aufweisen (dürfen) als beispielsweise Getreide. Daher werden Gemüse- und Obst auch regelmäßig in der Lebensmittelüberwachung untersucht (siehe Erläuterung: Amtliche Lebensmittelüberwachung und Kontrollen im Pflanzenschutz-Kontrollprogramm).

Da es sich um relativ kleine Kulturen handelt, ist die Anzahl der verfügbaren Pflanzenschutzmittel vergleichsweise gering. Die Ergebnisse aus vorhergehenden Jahren aus dem Pflanzenschutzkontroll-Programm erbrachten Hinweise, dass in Einzelfällen Pflanzenschutzmittel angewendet wurden, die nicht in diesen Kulturen zugelassen sind. Seitens der Lebensmittelüberwachung wurden in der Vergangenheit in diesem Gemüse teilweise Pflanzenschutzmittelwirkstoffe nachgewiesen, für die keine Zulassungen in diesen Kulturen bestanden.

Bei der Überwachung von in Deutschland erzeugtem Obst, Gemüse, Getreide usw. werden durch die amtliche Lebensmitteluntersuchung teilweise auch Wirkstoffe nachgewiesen, die in der jeweiligen Kultur keine Zulassung besitzen oder sogar in Deutschland nicht zugelassen sind. In einigen Fällen handelt es sich tatsächlich um illegale Anwendungen nicht zugelassener Pflanzenschutzmittel, die von den Pflanzenschutzdiensten verfolgt und geahndet werden. Aus dem Nachweis von nicht in der jeweiligen Kultur bzw. nicht in Deutschland zugelassenen Pflanzenschutzmittel-Wirkstoffen kann jedoch nicht automatisch auf ein Fehlverhalten des Anwenders geschlossen werden. Vielmehr ist eine Prüfung im Einzelfall notwendig, da auch beim gesetzeskonformen Handeln des Erzeugers derartige Rückstände (legal) auftreten können und dürfen (solange sie unter der Höchstmenge bleiben):

- Durch die hervorragende Analytik können auch sehr geringe Rückstände nachgewiesen werden, die z. B. aus der Abdrift bei einer Anwendung in Nachbarkulturen oder aus technisch bedingten Restmengen, die in dem Spritzgerät aus einer vorherigen Anwendung verblieben sind, stammen.
- In Deutschland darf Saatgut importiert und verwendet werden, das mit Pflanzenschutzmitteln gebeizt wurde, das in einem Mitgliedstaat der EU zugelassen ist. Durch diese

Tab. 11 Ergebnisse der Schwerpunktkontrolle Gemüse für das Jahr 2007 – Probenumfang und Beanstandungen.

	Kontrollen (Anzahl)	Beanstandungen (Anzahl, prozentual)
Anzahl kontrollierter Betriebe	253	15 (5,9 %)
Anzahl kontrollierter Schläge	258	15 (5,8 %)
Anzahl untersuchter Boden- und Blattproben	292	–

Tab. 12 Ergebnisse der Schwerpunktkontrolle Gemüse für das Jahr 2007 (nachgewiesene Rückstände von nicht zulässigen Wirkstoffen, die aus aktuellen Anwendungen in den aufgeführten Kultur stammen).

Untersuchte Kulturen	Anzahl kontrollierter Schläge	Anzahl der Schläge mit Beanstandungen (%)	Nachgewiesene Insektizide, deren Anwendung in den untersuchten Kulturen nicht zulässig[a), b)] war
Salat (Kopfsalat, Eissalat, Pflücksalat)	76	6 (7,9 %)	Deltamethrin[a)], Dimethoat[a)], Endosulfan[b,1991], Fenpropimorph[a)], Methamidophos[a)], Oxydemeton-methyl[b,2004]
Gurken	35	1 (2,9 %)	Bifenazate[b,neuer Wirkstoff], Fenpyroximat[c)]
Tomaten	33	3 (9,1 %)	Cypermethrin[b,2003], Dichlofluanid[b,2003], Pirimicarb[a)]
Karotten	49	1 (2,0 %)	Fludioxonil[a)]
Kopfkohl (Rot-, Weiß-, Spitz-, Wirsingkohl)	65	4 (6,2 %)	Chlorpyrifos[a)], Deltamethrin[a)], Triadimefon[b,2003], Triadimenon[b, bisher keine Zulassung in Deutschland]
Summe:	**258**	**15 (5,8 %)**	–

[a)] Dieser Wirkstoff war 2007 in Deutschland in zugelassenen Pflanzenschutzmitteln enthalten. Es bestanden jedoch zum Zeitpunkt der Kontrolle keine Zulassungen, Genehmigungen oder Aufbrauchfristen in den genannten Kulturen.
[b)] 2007 gab es in Deutschland keine zugelassenen Pflanzenschutzmittel, die diesen Wirkstoff enthalten und mögliche Aufbrauchfristen waren abgelaufen (Jahr des Endes der letzten Zulassung in Deutschland).
[c)] Eine Anwendung Fenpyroximat-haltiger Pflanzenschutzmittel war 2007 in Freilandgurken aber nicht in Gewächshausgurken möglich, die hier beanstandet wurden.

Regelung kann in Deutschland Saatgut angepflanzt werden, das in Deutschland nicht zugelassene Pflanzenschutzmittel enthält.
- Insbesondere im Gemüsebau erfolgt die Jungpflanzenaufzucht selten im eigenen Betrieb. Die Aufzucht der Jungpflanzen erfolgt oftmals im Ausland, so dass Jungpflanzen importiert werden, die mit Pflanzenschutzmitteln behandelt wurden, die im Ausland zugelassen sind, jedoch nicht in Deutschland.

Im Jahr 2006 wurde in Deutschland auf insgesamt 107.298[1] ha Gemüse im Freiland kultiviert, was rund 1 % der landwirtschaftlichen Nutzfläche entspricht. Von den für den Schwerpunkt ausgewählten Kulturen entfallen 10.043[1] ha auf Karotten, 9.714[1] ha auf Weißkohl, Rotkohl und Wirsingkohl, 8.749[1] ha auf Eichblatt-, Eis-, Kopf- und Lollosalat, 2.771[1] ha auf Gurken (hauptsächlich Einlegegurken). Gemüse unter Glas wird auf 1.386[1] ha angebaut, davon auf 279 ha Tomaten, auf 257 ha Salatgurken und auf 162 ha Kopfsalat.

Die Verteilung der Gemüseanbauflächen in den Bundesländern ist unterschiedlich. Spitzenreiter ist Nordrhein-Westfalen mit 19.453[2] ha, gefolgt von Niedersachen (16.488[2] ha), Rheinland-Pfalz (16.467[2] ha) und Bayern (12.710[2] ha). Betrachtet man die für den Schwerpunkt ausgewählten Kulturen, ergibt sich folgendes Bild:

- Die meisten Karotten werden in Nordrhein-Westfalen angebaut (2.018 ha), gefolgt von Rheinland-Pfalz (1.712[2] ha), Niedersachsen (1.608[2] ha), Schleswig-Holstein (1.238[2] ha) und Bayern (1.168[2] ha).
- Die größten Anbauflächen von Weißkohl, Rotkohl und Wirsingkohl liegen in Schleswig-Holstein (3.323[2] ha), gefolgt von Nordrhein-Westfalen (2.092[2] ha) und Bayern (1.424[2] ha).
- In Niedersachsen liegt die insgesamt größte Anbaufläche von Eissalat mit 3.120[2] ha, gefolgt von Nordrhein-Westfalen mit 798[2] ha Kopfsalat.
- Freiland-Gurken werden vor allem in Bayern (1.414[2] ha) und Brandenburg (688[2] ha) angebaut.

Die Probenahme durch die Pflanzenschutzdienste erfolgte direkt auf behandelten Flächen mittels Blatt- oder Bodenproben. Die Beprobung war entsprechend der im Handbuch beschriebenen Vorgehensweise durchzuführen.

In Tab. 11 sind der Kontrollumfang und die Beanstandungen zusammengefasst. Insgesamt wurden 258 Schläge von 253 Betrieben kontrolliert und 292 Blatt- bzw. Bodenproben entnommen und analysiert. Die Untersuchung der Blatt- und Bodenproben führte auf 15 Schlägen (5,8 %) in 15 Betrieben zu Beanstandungen, da in den entsprechenden Kulturen nicht ausgewiesene Pflanzenschutzmittel angewendet wurden.

Detaillierte Ergebnisse zu den untersuchten Kulturen sind in Tab. 12 aufgelistet. Für die Analyse der entnommenen Proben legte die Expertengruppe vorab ein Wirkstoffspektrum fest. Diese Festlegung erfolgte unter Berücksichtigung der Ergebnisse aus der Lebensmittelüberwachung und der Kontrollergebnisse der Länder aus vorangegangenen Jahren und entsprechend den Einsatzmöglichkeiten der Wirkstoffe in Gemüse.

Wie oben angeführt, ist der Nachweis eines Wirkstoffs in einer Kultur nicht in allen Fällen mit einer nicht erlaubten Anwendung gleichzustellen. Daher sind in Tab. 12 nur die Wirkstoffe aufgeführt, die in der Kultur angewendet wurden.

Die Analysenergebnisse aus dem Pflanzenschutz-Kontrollprogramm lassen keine direkten Rückschlüsse auf Rückstän-

---
[1] BMELV (2007) Statistisches Jahrbuch über Ernährung, Landwirtschaft und Forsten der Bundesrepublik Deutschland 2007. Landwirtschaftsverlag GmbH Münster-Hiltrup.
[2] Statistisches Bundesamt (2007) Statistisches Jahrbuch für die Bundesrepublik Deutschland 2007. Wiesbaden. Die Angaben beziehen sich auf das Jahr 2006.

de von Pflanzenschutzmitteln zum Erntezeitpunkt zu, da die Entnahmen von Boden- und Pflanzenproben teilweise weit vor dem Erntezeitpunkt erfolgten und bis zur Ernte Abbauprozesse im Boden und in der Pflanze stattfinden

Salate (Kopfsalat, Eissalat, Pflücksalat) ohne Feldsalat: Auf 6 von 76 untersuchten Schlägen (7,9 %) wurden Beanstandungen festgestellt. Folgende Wirkstoffe wurden nachgewiesen, die aus Anwendungen nicht für diese Kultur zugelassener Pflanzenschutzmittel stammen: Deltamethrin, Dimethoat, Fenpropimorph, Methamidophos. Zusätzlich wurden die Wirkstoffe Endosulfan und Oxydemetonmethyl nachgewiesen, die in keinem in Deutschland zugelassenen Pflanzenschutzmittel enthalten sind. Die letzten Zulassungen Endosulfan-haltiger Pflanzenschutzmittel in Deutschland endeten 1991.

Gurken: Auf 1 von 35 untersuchten Schlägen (2,9 %) wurden Beanstandungen festgestellt. Es wurden die Wirkstoffe Fenpyroximat und Bifenazate nachgewiesen. Der Wirkstoff Bifenazate ist nicht in Deutschland zugelassen; der Wirkstoff Fenpyroximat darf nur in Freilandgurken angewendet werden, jedoch nicht in Gewächshausgurken, die hier beprobt wurden.

Tomaten: Bei den Untersuchungen im Pflanzenschutz-Kontrollprogramm wurden auf drei von 33 untersuchten Schlägen (9,1 %) Beanstandungen festgestellt. Es wurde der Wirkstoff Pirimicarb nachgewiesen, der erst im Verlauf des Jahres 2007 eine Zulassung für Tomaten erhalten hat. Zusätzlich wurden die Wirkstoffe Cypermethrin und Dichlofluanid gefunden, deren Anwendung in Deutschland nicht zugelassen ist.

Karotten: Im Pflanzenschutz-Kontrollprogramm wurden auf 1 von 49 untersuchten Schlägen (2,0 %) Beanstandungen festgestellt. Der Wirkstoff Fludioxonil konnte nachgewiesen werden, der aus der Anwendung eines zugelassenen Pflanzenschutzmittels, jedoch nicht in der Kultur Karotten, stammt.

Kopfkohl (Rot-, Weiß-, Spitz-, Wirsingkohl): Bei den Untersuchungen im Pflanzenschutz-Kontrollprogramm wurden bei Kopfkohl auf vier von 65 untersuchten Schlägen (6,2 %) Beanstandungen festgestellt. Die Wirkstoffe Chlorpyrifos und Deltamethrin wurden nachgewiesen, obwohl die Anwendungen in Kopfkohl nicht zugelassen sind. Es fanden auch Anwendungen von nicht in Deutschland zugelassenen Pflanzenschutzmitteln mit den Wirkstoffen Triadimefon bzw. Triadimenon statt.

Fazit: Die Ergebnisse des Pflanzenschutz-Kontrollprogramms zeigen, dass nur in wenigen Fällen die Anwendung nicht bzw. nicht für die jeweiligen Kulturen zugelassener Pflanzenschutzmittel erfolgte. Besonderes Augenmerk wird aber zukünftig auf die Kulturen Salat, Tomaten und Kopfkohl zu richten sein, da hier Beanstandungsquoten von bis zu 9 % aufgetreten sind.

Auch wenn die Anwendung nicht zugelassener Pflanzenschutzmittel nicht unbedingt einen Einfluss auf die Vermarktungsfähigkeit der Salate und der Gemüse hat, stellen die Anwendungen einen Verstoß gegen das Pflanzenschutzgesetz dar. Um zukünftig unzulässige Anwendungen von Pflanzenschutzmitteln zu vermeiden, werden die nachfolgenden Maßnahmen fortgeführt:

- Schließung von Bekämpfungslücken, damit auch für kleine Kulturen ausreichend Pflanzenschutzmittel zur Verfügung stehen, um Schaderreger bekämpfen zu können,
- Beratung über den Einsatz von Pflanzenschutzmitteln und nicht chemische Alternativen (z. B. Nützlingseinsatz),
- Kontrollen durch die Pflanzenschutzdienste (Pflanzenschutz-Kontrollprogramm),
- Analysen durch die Lebensmittelüberwachung und anschließende Verfolgung von Hinweisen auf unzulässige Anwendungen durch die Pflanzenschutzdienste,
- Einführung von Qualitätssicherheitssystemen bei der Produktion von Lebensmitteln, inklusive Eigenkontrollen und Kontrollen durch den Handel.

Erläuterung: Abgrenzung Amtliche Lebensmittelüberwachung und Kontrollen im Pflanzenschutz-Kontrollprogramm

Rückstände von Pflanzenschutzmitteln in Lebensmitteln können ein gesundheitliches Risiko für den Verbraucher darstellen. Deshalb werden zu ihrer Begrenzung Höchstgehalte gesetzlich festgelegt. Von der amtlichen Lebensmittelüberwachung wird ihre Einhaltung überprüft. Es ist verboten Lebensmittel in den Verkehr zu bringen, die die festgesetzten Höchstmengen überschreiten.

Die Lebensmittelüberwachung ist in Deutschland Aufgabe der Länder. Betriebe, die Lebensmittel herstellen, verarbeiten oder verkaufen, werden regelmäßig kontrolliert. Die Kontrollbehörden legen Art und Häufigkeit der Kontrollen nicht nach dem Zufallsprinzip fest, sondern nach der Höhe des Risikos. Dazu werden die Betriebe erfasst und in Risikokategorien eingestuft. Die Häufigkeit der Kontrollen richtet sich z. B. nach Art und Produktionsumfang des Betriebes oder Art und Herkunft der Erzeugnisse. Die Auswahl der Proben richtet sich nach der Art des Lebensmittels, dem Ausmaß der möglichen gesundheitlichen Gefährdung durch bestimmte Stoffe oder Mikroorganismen, den Verzehrsmengen, aktuellen Erkenntnissen, bestimmten Herstellungsverfahren und auch nach jahreszeitlichen Einflüssen. Die Entnahme der Proben erfolgt nicht nur beim Erzeuger, sondern auch im Groß- und Einzelhandel. Durch Ab- und Umverpacken kann es zu einer Vermischung von Chargen kommen, so dass eine Rückverfolgbarkeit zum Erzeugerbetrieb nicht immer gegeben ist. Werden in inländisch erzeugten Pflanzenproben Höchstmengenüberschreitungen festgestellt oder Wirkstoffe nachgewiesen, die in der betreffenden Kultur in Deutschland nicht zugelassen sind, wird in der Regel der Pflanzenschutzdienst informiert, damit auf dem Erzeugerbetrieb weitere Untersuchungen durchgeführt werden können.

Pflanzenschutzmittelrückstände werden in zwei verschiedenen Programmen untersucht und berichtet:

- In der Nationalen Berichterstattung Pflanzenschutzmittelrückstände wird die Belastung vor allem von Obst und Gemüse sowie Lebensmitteln tierischen Ursprungs mit Pflanzenschutzmittelrückständen dokumentiert. Die Auswahl der Betriebe erfolgt risikobasiert.
- Das Lebensmittel-Monitoring ist ein System wiederholter repräsentativer Messungen und Bewertungen von Gehalten unerwünschter Stoffe wie Pflanzenschutzmittel, Schwermetalle und andere Kontaminanten in und auf Lebensmitteln. Es wird unterschieden zwischen einem Warenkorb- und einem Projekt-Monitoring.

Informationen über die Nationale Berichterstattung Pflanzenschutzmittelrückstände und das Lebensmittelmonitoring können im Internet des BVL abgerufen werden: http://www.bvl.bund.de/berichtpsm, http://www.bvl.bund.de/lebensmittelmonitoring

Die Kontrollen im Pflanzenschutz-Kontrollprogramm können die Lebensmittelüberwachung unterstützen, sie haben jedoch eine wesentlich breitere Zielrichtung. Es wird kontrolliert, ob nur zugelassene Pflanzenschutzmittel angewendet werden. Nur dann kann gewährleistet werden, dass keine unvertretbaren Auswirkungen für Mensch, Tier oder den Naturhaushalt auftreten. Hierzu gehören auch Kontrollen zur Einhaltung von Auflagen und Anwendungsbestimmungen, die mit der Zulassung festgesetzt werden, z. B. Abstände zu Gewässern. Bei den Kontrollen werden die Proben direkt von der Produktionsfläche entnommen. Durch die Vor-Ort-Begehung kann festgestellt werden, ob nachgewiesene Rückstände über eine Applikation auf der Zielfläche oder über die Abdrift bei der Behandlung von Nachbarschlägen auf die zu untersuchende Kultur gelangt sind. Der Nachweis eines Wirkstoffs kann daher nicht in allen Fällen mit der Anwendung eines nicht in dieser Kultur zugelassenen Pflanzenschutzmittels gleichgesetzt werden. Auch führt die Anwendung eines nicht zugelassenen Pflanzenschutzmittels nicht automatisch zu Rückständen oder Rückstandshöchstmengenüberschreitungen im Erntegut.

6.2.3 Anwendungskontrollen in landwirtschaftlichen, gärtnerischen und forstwirtschaftlichen Betrieben

Die Kontrollen zur Anwendung von Pflanzenschutzmitteln erfolgen in Form von:

- Kontrollen in den Betrieben (Betriebsprüfungen),
- Kontrollen während der Anwendung von Pflanzenschutzmitteln,
- Kontrollen nach der Anwendung von Pflanzenschutzmitteln.

Kontrollen in den Betrieben (auf dem Hof) werden ganzjährig durchgeführt. Die Kontrollen erfolgen teilweise angemeldet, um kompetente Ansprechpartner im Betrieb antreffen zu können. Die Betriebe werden aufgrund einer systematischen Auswahl und der Festsetzung von Schwerpunkten (siehe Glossar) bestimmt und kontrolliert. Zusätzlich können anlassbezogen vertiefte Kontrollen vor Ort durchgeführt werden, z. B. Kontrollen nach der Anwendung von Pflanzenschutzmitteln.

Kontrollen während der Anwendung oder unmittelbar danach (auf der Fläche) erfolgen grundsätzlich unangemeldet. Sie sind nur durchführbar, wenn der Anwender sich auf der Fläche befindet. Bei der Jahresplanung von Anwendungskontrollen ist nicht vorhersehbar, ob und wie viele Landwirte während der Anwendung von Pflanzenschutzmitteln auf ihren Flächen angetroffen werden. Für bestimmte Kulturen oder innerhalb enger Anwendungszeitfenster sind diese Kontrollen eingeschränkt planbar (Beispiel: Überprüfung der Anwendung bienengefährlicher Pflanzenschutzmittel zur Blütezeit). Bei den Anwendungskontrollen auf dem Feld wird durch Befragung der Landwirte oder Kontrolle mitgeführter Pflanzenschutzmittelbehältnisse festgestellt, welche Produkte appliziert werden. Anschließend wird überprüft, ob die verwendeten Pflanzenschutzmittel zugelassen sind oder einem Anwendungsverbot oder einer Anwendungsbeschränkung unterliegen und welche Anwendungsgebiete sowie Anwendungsbestimmungen festgesetzt sind. Die Auskünfte des Anwenders und die festgestellten Ergebnisse werden protokollarisch festgehalten. Wenn keine Behältnisse mitgeführt werden oder Zweifel an den Aussagen des Anwenders bestehen, werden zur Überprüfung der Angaben Fassproben (Behandlungsflüssigkeitsproben) entnommen.

Kontrollen nach der Anwendung (auf der Fläche) sind stets planbare Kontrollen und gehen in der Regel mit einer Entnahme von Pflanzen- oder Bodenproben einher. Sie müssen jedoch in einem angemessen kurzen Zeitraum nach der Anwendung erfolgen. Die Auswahl und eindeutige Zuordnung von Flächen zu einem Betrieb ist vor der Probenahme möglich. Bei einer Herbizidanwendung lässt sich auch visuell überprüfen, ob die Anwendungsbestimmungen (z. B. unbehandelter Randstreifen, Abstand zum Gewässer) eingehalten worden sind. In der Regel erfolgt vor, während oder nach der Beprobung eine Befragung des Bewirtschafters, um eingrenzen zu können, welche Pflanzenschutzmittelwirkstoffe bei der Laboranalyse berücksichtigt werden müssen. Die Kontrollen mittels Probenahme und Analyse von Boden- oder Blattproben sind sehr zeit- und kostenintensiv.

Die Summenangaben im vorliegenden Bericht beziehen sich auf die einzelnen überprüften Tatbestände. Sie geben daher nicht immer direkt die Anzahl aller kontrollierten Betriebe wieder. So können z. B. in einem Betrieb mehrere Personen auf ihre fachlichen Kenntnisse (Sachkunde) überprüft werden. Im gleichen Betrieb kann jedoch auf eine Kontrolle des Tatbestands „Einhaltung der Anwendungsbestimmungen" verzichtet worden sein, da zum Zeitpunkt der Überprüfung keine Pflanzenschutzmaßnahmen durchgeführt wurden.

Insgesamt wurden im Jahr 2007 rund 5.811 Betriebe kontrolliert. Diese Zahl setzt sich aus 2.573 Betriebskontrollen und rund 3.472 Anwendungskontrollen zusammen. Da bei einigen Betrieben sowohl Betriebskontrollen als auch Anwendungskontrollen durchgeführt wurden, ist die Summe der beiden Kontrollarten höher als die Anzahl der insgesamt kontrollierten Betriebe. Bei den Kontrollen wurden 2.808 Proben (Boden, Pflanzen oder Behandlungsflüssigkeiten) entnommen und analysiert.

6.2.3.1 Pflanzenschutzgeräte im Gebrauch

Nach der Pflanzenschutzmittelverordnung dürfen Pflanzenschutzgeräte, die keiner vorgeschriebenen Prüfung unterzogen worden sind, nicht verwendet werden (Ausnahme: tragbare Geräte). Daher wird bei der Kontrolle des Gerätes zuerst geprüft, ob eine gültige Prüfplakette vorhanden ist. Alternativ kann der Anwender auch mit dem Prüfprotokoll die fristgerechte Prüfung des Gerätes nachweisen. Weiterhin wird durch eine visuelle Überprüfung des äußeren Zustandes des Gerätes festgestellt, ob es offensichtliche Mängel gibt, die eine ordnungsgemäße Applikation des Pflanzenschutzmittels beeinträchtigen, z. B. undichte Behälter- und Drucksysteme, fehlerhafte Manometer, nachtropfende Düsen, defekte oder hängende Spritzgestänge.

In Tab. 13 sind die Ergebnisse der 3.858 Kontrollen aufgeführt. Die Beanstandungsquote lag bei 2,7 % (im Jahr 2006 bei

Tab. 13 Kontrollen der im Gebrauch befindlichen Pflanzenschutzgeräte im Jahr 2007.

	Kontrollen (Anzahl)	Beanstandungen (Anzahl, prozentual)
Anzahl kontrollierter Geräte während der Anwendung oder auf dem Hof, Summe	3.858	104 (2,7 %)
davon systematische Kontrollen	3.606	66 (1,8 %)
davon Anlasskontrollen	252	38 (15,1 %)

2,0 %). Es wurden Bußgelder bis zu einer Höhe von 1.360 € erteilt.

6.2.3.2 Sachkunde der Anwender

Wer Pflanzenschutzmittel im landwirtschaftlichen, gartenbaulichen oder forstwirtschaftlichen Eigenbetrieb oder als Lohnunternehmer anwendet, muss die dafür erforderliche Zuverlässigkeit und die dafür erforderlichen fachlichen Kenntnisse und Fertigkeiten haben. Näheres regelt die Pflanzenschutz-Sachkundeverordnung.

Bei rund 4.000 Kontrollen wurden in 1,4 % der Fälle Personen ohne die erforderliche Sachkunde im Umgang mit Pflanzenschutzmitteln festgestellt (Tab. 14). Die Beanstandungsquote liegt damit auf dem Niveau von 2006 (1,6 %).

Tab. 14 Kontrollen zu erforderlichen fachlichen Kenntnissen (Sachkunde) der Pflanzenschutzmittelanwender im Jahr 2007.

	Kontrollen (Anzahl)	Beanstandungen (Anzahl, prozentual)
Anzahl kontrollierter Anwender, Summe	4.034	55 (1,4 %)
davon systematische Kontrollen	3.666	35 (1,0 %)
davon Anlasskontrollen	368	20 (5,4 %)

6.2.3.3 Einhaltung der Anwendungsgebiete

Pflanzenschutzmittel dürfen nur angewendet werden, wenn sie zugelassen sind. Für Mittel, deren Zulassung durch Zeitablauf endet, gibt es eine Aufbrauchfrist. Zudem dürfen Pflanzenschutzmittel nur in den Anwendungsgebieten angewendet werden, die bei der Zulassung vorgesehen oder genehmigt sind, also nur für die ausgewiesenen Kulturen und gegen die bezeichneten Schaderreger (z. B. Anwendung in Winterweizen zur Bekämpfung von zweikeimblättrigen Unkräutern).

In Tab. 15 sind die Ergebnisse aus der bundesweiten Schwerpunktkontrolle zur Anwendung von Pflanzenschutzmitteln in Gemüse (Kapitel 6.2.2) enthalten, da diese auch Kontrollen zur Einhaltung von Anwendungsgebieten darstellen. Bei 2.320 systematischen Kontrollen wurden in 57 Fällen (2,5 %) Mängel festgestellt (2006: 3,6 %); bei 286 Anlasskontrollen wurden in rund 37,8 % aller Fälle Mängel festgestellt. Anlässe für Kontrollen

Tab. 15 Kontrollen zur Einhaltung von Anwendungsgebieten im Jahr 2007.

	Kontrollen (Anzahl)	Beanstandungen (Anzahl, prozentual)
Anzahl der kontrollierten Schläge, Summe	2.606	165 (6,3 %)
davon systematische Kontrollen	2.320	57 (2,5 %)
davon Anlasskontrollen	286	108 (37,8 %)

können z. B. das Auffinden bestimmter Pflanzenschutzmittel im Betrieb sein, die nicht zu den angebauten Kulturen passen oder Rückstände in Pflanzen, die in der Lebensmittel-Kontrolle identifiziert wurden. Es wurden Bußgelder bis zu 2.000 € erteilt.

In vielen Klein- und Sonderkulturen ist die Palette zulässiger Mittel äußerst schmal, weil die Industrie aus wirtschaftlichen Gründen für diese „Lückenindikationen" nur wenige Anträge auf Zulassung eines Pflanzenschutzmittels stellt. Dementsprechend gibt es bei den Anwendern teilweise die Versuchung, Pflanzenschutzmittel außerhalb der zugelassenen oder genehmigten Anwendungsgebiete einzusetzen. In einer Initiative von Ländern und Bund ist es inzwischen gelungen, auf dem Wege der Genehmigungen nach §§ 18, 18a Pflanzenschutzgesetz viele Pflanzenschutzmittel für Klein- und Sonderkulturen verfügbar zu machen.

6.2.3.4 Einhaltung der Anwendungsbestimmungen und Bienenschutzbestimmungen

Anwendungsbestimmungen sind Vorschriften, die vom BVL mit der Zulassung eines Mittels erteilt werden, um schädliche Auswirkungen auf die Gesundheit von Mensch und Tier oder auf das Grundwasser oder sonstige unvertretbare Auswirkungen, insbesondere auf den Naturhaushalt, zu verhindern. Zu den Anwendungsbestimmungen gehören beispielsweise Mindestabstände zu Gewässern und Saumbiotopen, die bei der Anwendung von Pflanzenschutzmitteln eingehalten werden müssen. Die Bienenschutzverordnung enthält Vorschriften für bienengefährliche Pflanzenschutzmittel; so dürfen solche Mittel nicht an blühenden Pflanzen angewendet werden und auch nicht an anderen Pflanzen, die von Bienen beflogen werden. Gezielte Kontrollen erfolgen z. B. in der Zeit der Obst-, Reben- und Rapsblüte. Die Kontrolle der genannten Vorschriften erfolgt über die Entnahme und Analyse von Boden- oder Pflanzenproben. Bei Kontrollen während der Anwendung können des Weiteren Probenahmen von Behandlungsflüssigkeiten erfolgen. Auch Dokumentationsprüfungen sind möglich, wenn es um erteilte bzw. nicht erteilte Einzelfallgenehmigungen nach § 18b PflSchG geht.

In Tab. 16 sind die Ergebnisse aus der bundesweiten Schwerpunktkontrolle zur Einhaltung von Abständen zu Gewässern (Kapitel 6.2.1) enthalten, da diese auch Kontrollen zur Einhaltung von Anwendungsbestimmungen darstellen.

Ebenfalls in Tab. 16 sind die Ergebnisse der Kontrollen zur Einhaltung von Anwendungsbestimmungen, behördlichen

Tab. 16 Kontrollen zur Einhaltung von Anwendungsbestimmungen, behördlichen Anordnungen und zum Bienenschutz im Jahr 2007.

	Kontrollen (Anzahl)	Beanstandungen (Anzahl, prozentual)
Anzahl der kontrollierten Schläge, Summe	1.904	52 (2,7 %)
davon systematische Kontrollen	1.743	36 (2,1 %)
davon Anlasskontrollen	161	16 (9,9 %)
davon Bienenschutzkontrollen	466	6 (1,3 %)

Anordnungen und zum Bienenschutz aufgeführt. Insgesamt wurden 1.904 Kontrollen durchgeführt und in 2,7 % der Fälle Verstöße festgestellt. Im Vergleich zum Vorjahr (2006 gesamt: 4,1 %) ist die Beanstandungsquote niedriger.

In den 1.904 Kontrollen sind auch 466 Kontrollen speziell zum Bienenschutz enthalten. Die Beanstandungsquote bei den 1.743 systematischen Kontrollen betrug 2,1 % und liegt damit deutlich unter der des Vorjahres (2006: 3,6 %). Naturgemäß lagen die Beanstandungsquoten bei den Anlasskontrollen höher. Bei 9,9 % der 161 anlassbezogenen Kontrollen, z. B. nach Anzeigen, wurden Verstöße festgestellt. Die Folge waren Bußgelder bis zu 750 €.

> *Beispiel: Schulung und Kontrollen im Zusammenhang mit dem Einsatz bienengefährlicher Insektizide gegen den Rapsglanzkäfer (Brandenburg)*
> In den vergangenen Jahren wurde eine immer stärkere Vermehrung des Rapsglanzkäfers in Rapskulturen festgestellt, die zu hohen Verlusten führen kann. Nachfolgend wird beschrieben, welche Maßnahmen in Brandenburg getroffen wurden, um den Schutz der Honigbienen bei der Bekämpfung des Rapsglanzkäfers gewährleisten zu können.
> Ausgangspunkt war eine Beratung mit Vertretern aller Imkerverbände, den Vertretern der Berufsstände der Landwirte und Gärtner und dem Pflanzenschutzdienst, die bereits am 16. Januar 2007 auf Einladung des Landwirtschaftsministeriums stattfand. Ziel der Beratung war die Erarbeitung einer gezielten Bekämpfungsstrategie zur Verhinderung von Bienenschäden bei der Bekämpfung der Rapsglanzkäfer. Folgende Punkte wurden abgestimmt und nachfolgend umgesetzt:
>
> - Ausarbeitung und Verbreitung einer Strategie zur Bekämpfung der Rapsschädlinge unter Beachtung von Bienenschutz, Resistenzvorsorge und Bekämpfungsnotwendigkeit:
>   Strikte Orientierung zum Einsatz der Insektizide in Abhängigkeit von Schadererregerauftreten, Entwicklungsstand der Kultur und den Untersuchungsergebnissen zur Resistausbreitung in Warnungen und Hinweisen des Pflanzenschutzdienstes.
> - Umfangreiche und gründliche Schulungsmaßnahmen der Landwirte zur Vermeidung von Bienenschäden:
>   Bei 6 großen Winterschulungsveranstaltungen für Landwirte und 5 Spritzenfahrerschulungen stellte der Bienenschutz das Schwerpunktthema dar.
> - Information der Imker:
>   Auf 6 Imkerversammlungen sprachen Mitarbeiter des Pflanzenschutzdienstes über die Bekämpfungsstrategie zur Bekämpfung des Rapsglanzkäfers und stellten sich den Fragen der Imker.
> - Befristete Einrichtung eines kostenfreien Zugangs der Imkerverbände zu den brandenburgischen Seiten des ISIP, der Informationsplattform des Pflanzenschutzdienstes für Landwirte und Gärtner.
> - Vorsorgliche Einrichtung eines „Notruftelefons" durch den Pflanzenschutzdienst:
>   Über 8 Wochen, von Anfang März bis Ende April, war ständig, d. h. auch nach Dienstschluss, an Wochenenden und Feiertagen, ein Mitarbeiter des Pflanzenschutzdienstes über eine zentrale Rufnummer erreichbar. Das Angebot wurde neben Imkern und Landwirten auch von Bürgern genutzt.
> - Verstärkte Kontrolltätigkeit:
>   Bienenschutzkontrollen stellten 2007 einen Kontrollschwerpunkt dar. Es erfolgten 43 Kontrollen, dabei wurde nur ein Verstoß festgestellt, allerdings nicht im Raps, sondern im Obstbau.
>
> Der außerordentlich starke und lang anhaltende Zuflug der Rapsglanzkäfer erforderte örtlich auch den Einsatz bienengefährlicher Insektizide, natürlich unter Beachtung der Bienenschutzverordnung. Auf Grund der vielfältigen Maßnahmen erfolgte dies jedoch so sachkundig, dass keine Bienenschäden gemeldet wurden. Die zahlreichen Informationsveranstaltungen sowohl für Imker als auch für Landwirte haben zu einem verantwortungsvollen Umgang mit den Insektiziden geführt und das gegenseitige Verständnis zwischen Landwirten und Imkern gefördert.

6.2.3.5 Einhaltung der Anwendungsverbote und -beschränkungen

Die Pflanzenschutz-Anwendungsverordnung enthält Anwendungsverbote und Beschränkungen für Pflanzenschutzmittel, die bestimmte Wirkstoffe enthalten. Nachfolgend sind nur Kontrollen bzw. Beanstandungen aufgeführt, die sich aufgrund einer Anwendung auf landwirtschaftlich, forstwirtschaftlich oder gärtnerisch genutzten Flächen ergaben. Kontrollen und Beanstandungen gegen Bestimmungen der Anlage 3 (Anwendungsbeschränkungen), Abschnitt A, die sich auf eine Anwendung auf nicht landwirtschaftlich, forstwirtschaftlich oder gärtnerisch genutzte Flächen (z. B. Gehwege, Betriebsflächen, Gleise) beziehen, sind im Kapitel 6.2.4 des Jahresberichts aufgeführt.

Die Kontrollen erfolgen in der Regel nach der Anwendung von Pflanzenschutzmitteln über die Entnahme und Analyse von Boden- oder Pflanzenproben. Wird ein Anwender während der Applikation angetroffen, können auch Proben der Behandlungsflüssigkeiten entnommen werden. Bei der nachfolgenden Analyse der Proben werden über Multimethoden auch Wirkstoffe erfasst, deren Anwendung gemäß Pflanzenschutz-Anwendungsverordnung verboten ist. Zusätzlich wurden gezielte Kontrollen zur Anwendung bestimmter verbotener Wirkstoffe durchgeführt. In der Mehrzahl wurde die Anwendung von Atrazin in Mais kontrolliert. Es wurden auch Kontrollen auf die verbotene Verwendung von Nitrofen oder Lindan durchgeführt.

Wie aus Tab. 17 ersichtlich, wurde bei den 1.692 Kontrollen nur ein Verstoß gegen die Vorschriften der Pflanzenschutz-Anwendungsverordnung auf landwirtschaftlich, forstwirtschaftlich oder gärtnerisch genutzten Flächen festgestellt. Es wurde die verbotene Anwendung von Atrazin in Mais nachgewiesen.

Tab. 17 Kontrollen zu Einhaltung von Anwendungsverboten und -beschränkungen (nach Pflanzenschutz-Anwendungsverordnung) im Jahr 2007.

	Kontrollen (Anzahl)	Beanstandungen (Anzahl, prozentual)
Anzahl der kontrollierten Schläge, Summe	1.692	1 (0,1 %)
davon systematische Kontrollen	1.594	1 (0,1 %)
davon Anlasskontrollen	98	0 (0 %)

6.2.3.6 Anzeigepflicht von gewerblichen Pflanzenschutzmittelanwendern und -beratern

Gemäß § 9 PflSchG unterliegen Gewerbetreibende, die für Dritte Pflanzenschutzmittel anwenden (z. B. Lohnunternehmen) oder andere über die Anwendung beraten, einer Anzeigepflicht bei den zuständigen Pflanzenschutzdiensten. Anhand von Listen der gemeldeten Betriebe wird überprüft, ob das Anzeigeverfahren durchgeführt wurde. Für die Kontrollen können auch Nachfragen bei Gewerbeaufsichtsämtern und Handelskammern oder Recherchen im Branchenbuch stattfinden.

Bei der Kontrolle von landwirtschaftlichen Betrieben wurde unter anderem kontrolliert, ob Pflanzenschutzmittel für oder von Nachbarn oder Dritten ausgebracht werden. Die in Tab. 18 genannte Anzahl der Kontrollen (818 Betriebe) berücksichtigt nur Betriebe, die tatsächlich Pflanzenschutzmaßnahmen in Dienstleistung für Dritte vornahmen.

Bei 818 Kontrollen ergaben sich 73 Beanstandungen, das entspricht einer Quote von 8,9 %. Es wurden Bußgelder bis 100 € verhängt. Ein Teil der Beanstandungen war auf landwirtschaftliche Betriebe zurückzuführen, die im Umfeld ihres Betriebssitzes für Nachbarbetriebe Pflanzenschutzanwendungen gegen Entgelt durchführen. Vielen Betriebsleitern war nicht bekannt, dass diese Dienstleistung einer Anzeigepflicht gemäß Pflanzenschutzgesetz unterliegt. Weitere Beanstandungen ergaben sich bei Lohnunternehmern oder anderen Dienstleistungsunternehmen wie z. B. Gartenbau- und Landschaftsbau-Unternehmen.

Im Vorjahr (2006) lag die Beanstandungsquote bei 11,8 %. Der Rückgang der Beanstandungen auf 8,9 % lässt sich auf eine gezielte Information von Lohnunternehmern und Pflanzenschutzmittelanwendern durch die Pflanzenschutzdienste erklären. Dieses führte zu erhöhten Nachfragen und Registrierungen von Betrieben, die Pflanzenschutzmittel zu gewerblichen Zwecken für andere anwenden. Bei Kontrollen auf landwirtschaftlichen Betrieben außerhalb des Pflanzenschutz-Kontrollprogramms im Rahmen von „Cross Compliance" (Kapitel 5.2) ergaben sich ebenfalls Hinweise auf Lohnunternehmer und landwirtschaftliche Betriebe, die gewerbsmäßig für Dritte Pflanzenschutzmittel anwenden. Diese wurden auf die Anzeigepflicht hingewiesen.

6.2.4 Anwendungskontrollen auf sonstigen Freilandflächen, die nicht landwirtschaftlich, forstwirtschaftlich oder gärtnerisch genutzt werden

Die Anwendung eines Pflanzenschutzmittels auf Freilandflächen, die nicht landwirtschaftlich, forstwirtschaftlich oder gärtnerisch genutzt werden, ist nach § 6 Absatz 3 PflSchG nur mit einer Genehmigung der zuständigen Behörde erlaubt. Zu diesen Freiflächen zählen z. B. Gleisanlagen, Straßen, Auffahrten, Wegränder, Hof- und Betriebsflächen. Die genaue Auslegung, welche Flächen nicht unter den Begriff „gärtnerische Nutzung" fallen, kann in den einzelnen Ländern unterschiedlich sein.

Die Anwendung von Pflanzenschutzmitteln auf befestigten Flächen kann nach Niederschlägen zu einem direkten Eintrag dieser Stoffe in Oberflächengewässer oder in die Kanalisation führen, da das Regenwasser oberflächlich ablaufen kann. Es wird vermutet, dass Funde von Pflanzenschutzmittel-Wirkstoffen in Oberflächengewässern zu einem erheblichen Teil aus illegalen Anwendungen auf den genannten Freilandflächen resultieren. Deshalb bildet dieser Bereich einen besonderen Schwerpunkt im Pflanzenschutz-Kontrollprogramm. Insgesamt wurden 1.467 Betriebe bzw. Firmen kontrolliert und 743 Personen überprüft.

6.2.4.1 Anwendung von Pflanzenschutzmitteln auf Freilandflächen, die nicht landwirtschaftlich, forstwirtschaftlich oder gärtnerisch genutzt werden

Kontrolliert werden zum einen Flächen, für die eine Ausnahmegenehmigung beantragt worden ist. Im Falle einer Ablehnung kann dann überprüft werden, ob die Anwendung unterblieben ist. Im Falle einer Genehmigung wird kontrolliert, ob das eingesetzte Mittel und die behandelte Fläche einschließlich Anwendungsbestimmungen und Auflagen der Genehmigung entsprechen. Zum anderen werden auch Kontrollen auf Flächen durchgeführt, für die keine Genehmigung beantragt wurde. Dabei handelt es sich überwiegend um Anlasskontrollen. Zur Überprüfung wird der Eigentümer befragt; in einigen Fällen werden zusätzlich Boden- oder Pflanzenproben für eine Laboranalyse entnommen. Im Jahr 2007 wurden 1.467 Betriebe bzw. Firmen und 743 Privatpersonen kontrolliert.

In Tab. 19 sind die Ergebnisse der Kontrollen aufgeführt. 285 Kontrollen erfolgten nach Erteilung oder Ablehnung einer Ausnahmegenehmigung. Bei 18 Kontrollen wurden Verstöße festgestellt. Die Beanstandungsquote von 6,3 % liegt deutlich über den Ergebnissen aus dem Jahr 2006 (2,2 %). Die Nichteinhaltung von Auflagen bei erteilten bzw. abgelehnten Ausnahmegenehmigungen führte zu Bußgeldern bis zu 250 €.

Weiterhin wurden 1.357 Flächen kontrolliert, für die keine Genehmigung beantragt war, und in 24,2 % der Fälle Verstöße

Tab. 18 Kontrollen zur Einhaltung der Anzeigepflicht (Lohnunternehmer) im Jahr 2007.

	Kontrollen (Anzahl)	Beanstandungen (Anzahl, prozentual)
Anzahl Kontrollen, Summe	818	73 (8,9 %)

Tab. 19 Kontrollen zur Anwendung von Pflanzenschutzmitteln auf nicht landwirtschaftlich, forstwirtschaftlich oder gärtnerisch genutzten Freilandflächen einschließlich der Kontrolle von erteilten Ausnahmegenehmigungen im Jahr 2007.

	Kontrollen (Anzahl)	Beanstandungen (Anzahl, prozentual)
Einhaltung erteilter/abgelehnter Ausnahmegenehmigungen		
Anzahl kontrollierter Ausnahmegenehmigungen (einschließlich Probenahme), Summe	285	18 (6,3 %)
Kontrollen auf nicht beantragten Flächen (z. B. nach Anzeigen oder bei Verdacht auf Pflanzenschutzmittelanwendung)		
Anzahl kontrollierter Flächen, Summe	1.357	329 (24,2 %)

festgestellt. Da es sich hierbei hauptsächlich um Anlasskontrollen handelt, ist ein direkter Vergleich mit den Kontrollergebnissen aus dem Jahr 2006 (Beanstandungsquote 24,6 %) wenig aussagekräftig. Für die Anwendung von Pflanzenschutzmitteln auf nicht beantragten Flächen wurden Bußgelder bis 2.000 € erteilt. Anlässe für Kontrollen waren zum Beispiel Nachbarschaftsstreitigkeiten, Hinweise von Anwohnern oder Feststellungen der zuständigen Behörden.

Bei den Beanstandungen ging es z. B. um Privatpersonen, die befestigte Flächen (z. B. Auffahrten) mit Pflanzenschutzmitteln behandelt hatten, und um gewerbliche Betriebe, die ohne Genehmigung Pflanzenschutzmittel angewendet hatten. Auf Hof- und Betriebsflächen von landwirtschaftlichen Betrieben wurden sehr selten unerlaubte Anwendungen nachgewiesen. Weitere Beanstandungen betrafen die Anwendung von Pflanzenschutzmitteln unmittelbar am Böschungsrand von Gewässern oder auf Feldrainen sowie die Fehlanwendung auf Feldwegen bei der Behandlung landwirtschaftlicher Flächen.

Aus den Kontrollzahlen lassen sich keine Rückschlüsse auf den tatsächlichen Umfang von Fehlanwendungen ziehen; denn bei beiden in Tab. 19 aufgeführten Kategorien handelt es sich um gezielte Kontrollen und nicht um repräsentative Kontrollen nach dem Zufallsprinzip. Dennoch zeigen die Ergebnisse, dass bezüglich der Vorschriften, die für die Anwendung von Pflanzenschutzmitteln auf nicht landwirtschaftlich, forstwirtschaftlich oder gärtnerisch genutzten Freiflächen gelten, offensichtlich Informationsdefizite in der Bevölkerung bestehen. Gerade beim Einsatz im privaten Bereich scheinen sich alte Gewohnheiten im Umgang mit Pflanzenschutzmitteln nur sehr langsam zu ändern. Daher wurde von den Ländern beschlossen, für den Zeitraum 2008–2010 einen bundesweiten Schwerpunkt zur Anwendung von Pflanzenschutzmitteln auf Freilandflächen zu legen, die nicht landwirtschaftlich, forstwirtschaftlich oder gärtnerisch genutzt werden.

6.2.4.2 Pflanzenschutzgeräte im Gebrauch

Die Anwendung von Pflanzenschutzmitteln auf nicht landwirtschaftlich, forstwirtschaftlich oder gärtnerisch genutzten Freilandflächen erfolgt häufig mittels tragbarer Geräte, die

Tab. 20 Kontrollen der im Gebrauch befindlichen Pflanzenschutzgeräte bei der Anwendung von Pflanzenschutzmitteln auf nicht landwirtschaftlich, forstwirtschaftlich oder gärtnerisch genutzten Freilandflächen im Jahr 2007.

	Kontrollen (Anzahl)	Beanstandungen (Anzahl, prozentual)
Anzahl kontrollierter Geräte während der Anwendung oder im Betrieb, Summe	290	9 (3,1 %)
davon systematische Kontrollen	219	3 (1,4 %)
davon Anlasskontrollen	71	6 (8,5 %)

keiner Prüfpflicht unterliegen. Es werden aber auch größere Geräte eingesetzt, die regelmäßig geprüft werden müssen.

In Tab. 20 sind die Ergebnisse der 290 Kontrollen aufgeführt. Die Beanstandungsquote lag bei rund 3,1 %. Es wurden Bußgelder bis zu einer Höhe von 400 € erteilt.

6.2.4.3 Sachkunde des Anwenders

Die Regelungen zur Sachkunde des Anwenders, wie sie in Kapitel 6.2.3 beschrieben sind, gelten auch für gewerbliche Anwendungen für Dritte und werden auch im Rahmen der Erteilung von Nichtkulturland-Ausnahmegenehmigungen gemäß § 6 Abs. 3 PflSchG berücksichtigt. Auf nicht landwirtschaftlich, forstwirtschaftlich oder gärtnerisch genutzten Freilandflächen erfolgten auch dazu Kontrollen.

Bei der Überprüfung von 736 Anwendern wurden 31 Personen (4,2 %) ohne die erforderliche Sachkunde im Umgang mit Pflanzenschutzmitteln festgestellt (Tab. 21). Die Beanstandungsquote liegt unter der des Vorjahres (2006: 5,8 %). Beanstandet wurden zum Beispiel Hausmeisterdienste oder Personen, die Pflanzenschutzmittel auf Gewerbeflächen ohne den erforderlichen Sachkundenachweis angewendet haben. Die Anlasskontrollen erfolgten z. B. aufgrund von Anzeigen durch Mieter, anonymen Anrufen und offensichtlichem Totalherbizideinsatz auf öffentlich zugänglichen Flächen.

Tab. 21 Kontrollen zu erforderlichen fachlichen Kenntnissen (Sachkunde) der Pflanzenschutzmittelanwender bei der Anwendung von Pflanzenschutzmitteln auf nicht landwirtschaftlich, forstwirtschaftlich oder gärtnerisch genutzten Freilandflächen im Jahr 2007.

	Kontrollen (Anzahl)	Beanstandungen (Anzahl, prozentual)
Anzahl kontrollierter Anwender, Summe	736	31 (4,2 %)
davon systematische Kontrollen	602	7 (1,2 %)
davon Anlasskontrollen	134	24 (17,9 %)

Tab. 22 Kontrollen zur Einhaltung der Anzeigepflicht (Lohnunternehmer) bei der Anwendung von Pflanzenschutzmitteln auf nicht landwirtschaftlich, forstwirtschaftlich oder gärtnerisch genutzten Freilandflächen im Jahr 2007.

	Kontrollen (Anzahl)	Beanstandungen (Anzahl, prozentual)
Anzahl Kontrollen, Summe	218	21 (9,6 %)

6.2.4.4 Anzeigepflicht von gewerblichen Pflanzenschutzmittelanwendern und -beratern

Die Anwendung von Pflanzenschutzmitteln auf nicht landwirtschaftlich, forstwirtschaftlich oder gärtnerisch genutzten Freilandflächen kann auch durch Lohnunternehmer erfolgen; dies betrifft z. B. Gleisanlagen oder städtische und gewerbliche Flächen. Im Siedlungsbereich gehören dazu auch Hausmeisterdienste. Gemäß § 9 PflSchG unterliegen Gewerbetreibende, die für Dritte Pflanzenschutzmittel anwenden oder andere über die Anwendung beraten, einer Anzeigepflicht bei den zuständigen Pflanzenschutzdiensten.

In Tab. 22 sind die Ergebnisse dargestellt. Bei 218 Kontrollen ergaben sich 12 Verstöße, das entspricht einer Beanstandungsquote von 9,6 % (2006: 8,6 %).

6.3 Kontrolle von Pflanzenschutzgeräten

6.3.1 Inverkehrbringen von Pflanzenschutzgeräten

Hersteller, Vertriebsunternehmen oder diejenigen, die Pflanzenschutzgeräte erstmalig zu gewerblichen Zwecken einführen wollen, werden daraufhin kontrolliert, ob die Geräte den gesetzlichen Anforderungen entsprechen. Nach § 24 PflSchG müssen Pflanzenschutzgeräte so beschaffen sein, dass ihre Verwendung beim Ausbringen von Pflanzenschutzmitteln keine schädlichen Auswirkungen auf die Gesundheit von Mensch und Tier, auf das Grundwasser oder auf den Naturhaushalt hat, die nach dem Stande der Technik vermeidbar sind. Daher werden Pflanzenschutzgeräte vom Julius Kühn-Institut (JKI, vormals Biologische Bundesanstalt für Land- und Forstwirtschaft) geprüft und bei Erfüllung der Voraussetzungen in eine Pflanzenschutzgeräteliste eingetragen. Bei den Kontrollen wird geprüft, ob nur Geräte importiert und verkauft werden, für die beim JKI ein so genanntes Erklärungsverfahren gemäß § 25 PflSchG durchgeführt wurde. Die Kontrolldurchführung erfolgt insbesondere auf Ausstellungen bzw. Messen, da es speziell um Anforderungen beim erstmaligen In-Verkehr-Bringen von Pflanzenschutzgeräten geht.

In 105 Betrieben wurden Kontrollen durchgeführt und 35 Betriebe (33,3 %) beanstandet. Beanstandungen ergaben sich vorwiegend dadurch, dass Geräte nicht gemäß § 25 PflSchG ordnungsgemäß erklärt worden sind. Auch wurde in diesen Fällen nicht von der Möglichkeit Gebrauch gemacht, eine Verzichtserklärung beim JKI abzugeben, die eine Präsentation des Gerätes ausschließlich zum Zwecke der Ausstellung, nicht aber zum Zwecke des Verkaufs ermöglicht.

6.3.2 Überprüfung von Pflanzenschutzgeräten im Gebrauch

Die Funktionstüchtigkeit von Pflanzenschutzgeräten wird in den Ländern von amtlich anerkannten oder amtlichen Kontrollstellen überprüft. Diese Überprüfung muss alle zwei Jahre wiederholt werden; die erfolgreiche Prüfung wird durch eine Plakette und einen Kontrollbericht dokumentiert.

Die Überprüfungen werden nicht von den Kontrolleuren der Pflanzenschutzdienste, sondern von amtlich anerkannten Kontrollstellen durchgeführt. Die Ergebnisse werden vom Julius Kühn-Institut (Institut für Anwendungstechnik, Braunschweig) gesammelt, sind aber unter dem Pflanzenschutz-Kontrollprogramm aufgeführt, da die Kontrollen die Anwendung von Pflanzenschutzmitteln betreffen. Die Überprüfungen im Jahr 2007 geben Auskunft über die Größenordnung der in Verwendung befindlichen Geräte: Die im Jahr 2007 geprüften Feldspritzgeräte stellten einen Anteil von rund 43 % des Gesamtbestandes dar; die im Jahr 2007 geprüften Sprühgeräte für Raumkulturen nahmen einen Anteil von rund 30 % des Gesamtbestandes ein. Tab. 24 zeigt, dass bei 99,6 % der insgesamt 72.517 kontrollierten Pflanzenschutzgeräte eine Plakette erteilt wurde. Kleinere festgestellte Mängel wurden vor Plakettenerteilung beseitigt.

Mängel treten z. B auf:

- Bei Spritz- und Sprühgeräten für Flächenkulturen an Leitungssystemen, Düsen sowie den Querverteilungen,
- Bei Sprühgeräten für Raumkulturen an Armaturen, Leitungssystemen, Filtern und Spritzfächern bzw. -kegeln.

Tab. 23 Kontrollen zum Inverkehrbringen und der Einfuhr von Pflanzenschutzgeräten im Jahr 2007.

	Kontrollen (Anzahl)	Beanstandungen (Anzahl, prozentual)
Anzahl kontrollierter Betriebe, Summe	105	35 (33,3 %)
davon systematische Kontrollen	100	31 (31,0 %)
davon Anlasskontrollen	5	4 (80,0 %)

Tab. 24 Geräteüberprüfungen in amtlich anerkannten oder amtlichen Kontrollstellen (Anzahl gemäß vorliegender Prüfprotokolle) im Jahr 2007. (Quelle: Julius Kühn-Institut, Institut für Anwendungstechnik, Braunschweig)

	Überprüfungen (Anzahl)	nicht erteilte Plakette prozentual
Anzahl überprüfter Geräte, Summe	72.517	
davon geprüfte Feldspritzgeräte	58.656	0,5 %
davon geprüfte Sprühgeräte für Raumkulturen	13.861	0,2 %

Nähere Informationen über die Gerätekontrolle sind im Internet des Julius Kühn-Instituts erhältlich unter:
http://www.jki.bund.de Pflanzenschutzgeräte > Prüfverfahren > Gerätekontrolle

6.3.3 Überprüfung der Kontrollstellen

Die Kontrollstellen, die die Geräteprüfungen durchführen, werden durch die Pflanzenschutzdienste regelmäßig überwacht. Im Jahr 2007 wurden 403 Kontrollen in den Kontrollstellen durchgeführt und in 34 Fällen (8,4 %) Verstöße festgestellt. Es wurde z. B. bemängelt, dass die Geräteprüfung in den Kontrollstellen teilweise nicht gemäß den Vorgaben der Richtlinie der Biologischen Bundesanstalt für Land- und Forstwirtschaft durchgeführt wird.

7 Erläuterungen zu den Fachbegriffen

Anlasskontrollen
Anlasskontrollen dienen zur Aufklärung von offensichtlichen oder vermuteten Verstößen gegen das Pflanzenschutzrecht, die durch Anzeigen oder durch Verdachtsmomente oder Auffälligkeiten bekannt werden.

Anwendungsbestimmungen
Vom Bundesamt für Verbraucherschutz und Lebensmittelsicherheit mit der Zulassung festgesetzte Vorschriften zum Schutz der Gesundheit von Mensch und Tier und zum Schutz vor sonstigen schädlichen Auswirkungen, insbesondere auf den Naturhaushalt.

Anwendungsgebiet
Der Zweck, zu dem das Pflanzenschutzmittel angewendet werden soll; in der Regel die Kombination aus der Kulturpflanze oder dem Pflanzenerzeugnis und dem Schadorganismus, gegen den die Pflanze / das Pflanzenerzeugnis geschützt wird.

Beistoffe
Beistoffe oder Formulierungshilfsstoffe sind Stoffe oder Zubereitungen, die neben den technischen Wirkstoffen im Pflanzenschutzmittel enthalten sind und dem Produkt die für die Anwendung erforderlichen Eigenschaften verleihen. Der Einsatz von Beistoffen stellt die erforderliche Verteilung der Wirkstoffe in der Spritzlösung, die Lagerstabilität, die Handhabung und die Ausbringung des Pflanzenschutzmittels sicher und sorgt für die Sicherheit des Anwenders. Beistoffe können aus mehreren Komponenten (Beistoffsubstanzen) bestehen. Beispiele für Beistoffe: Lösemittel, Emulgatoren, Haftmittel, Stabilisatoren, Schaumverminderer.

Freilandflächen, die nicht landwirtschaftlich, forstwirtschaftlich oder gärtnerisch genutzt werden
Zu solchen Freilandflächen zählen z. B.:
- angrenzende Feldraine, Böschungen, nicht bewirtschaftete Flächen und Wege einschließlich der Wegränder,
- Verkehrsflächen jeglicher Art wie Gleisanlagen, Straßen-, Wege-, Hof- und Betriebsflächen sowie sonstige durch Tiefbau veränderte Areale.

Gute fachliche Praxis
Nach dem PflSchG ist bei der Anwendung von Pflanzenschutzmitteln nach guter fachlicher Praxis zu verfahren. Die aktuelle Fassung der Grundsätze zur Durchführung der guten fachlichen Praxis im Pflanzenschutz wurde im Bundesanzeiger Nr. 58a vom 24. März 2005 bekannt gemacht.

Inverkehrbringen
Das Anbieten, Vorrätighalten zur Abgabe, Feilhalten und jedes entgeltliche oder unentgeltliche Abgeben von Pflanzenschutzmitteln an andere.

Kontrollschwerpunkt
Die Schwerpunkte im Pflanzenschutz-Kontrollprogramm werden jährlich neu festgelegt, um auf aktuelle Entwicklungen reagieren zu können. Folgende Informationen finden dabei Berücksichtigung:
- Hinweise über den Einsatz von Pflanzenschutzmitteln in nicht zugelassenen oder genehmigten Anwendungsgebieten aufgrund von Rückstandsfunden der Lebensmittelüberwachung,
- Hinweise über Verstöße aus den Kontrollen der Vorjahre,
- Kulturen mit intensivem Pflanzenschutzmitteleinsatz,
- Änderung der Zulassungssituation (Widerruf von Zulassungen),
- Grundwassermonitoring der Länder.

Parallelimporte
Aufgrund des unterschiedlichen Preisniveaus werden Pflanzenschutzmittel von Anwendern oder Handelsunternehmen häufig aus anderen Mitgliedstaaten der Europäischen Union oder des Europäischen Wirtschaftsraumes nach Deutschland importiert. Dies ist wegen der Freiheit des Warenverkehrs grundsätzlich möglich. Nach der Rechtsprechung des Europäischen Gerichtshofs bedürfen diese so genannten Parallelimporte keiner eigenen Zulassung, wenn sie in der Zusammensetzung mit einem in Deutschland zugelassenen Pflanzenschutzmittel übereinstimmen und einige weitere Voraussetzungen erfüllt sind. Im Handel dürfen Parallelimporte nur angeboten werden, wenn sie durch eine Verkehrsfähigkeitsbescheinigung des BVL anerkannt sind. Nachgeahmte Produkte, oft als Generika bezeichnet, die keine Zulassung in einem Mitgliedstaat der Europäischen Union besitzen, sind keine Parallelimporte und dürfen ohne Zulassung nicht vermarktet werden.

Pflanzenschutzgerät
Geräte und Einrichtungen, die zum Ausbringen von Pflanzen-

schutzmitteln bestimmt sind, z. B. Traktor-Anbau-, -Aufbau-, und -Anhängegeräte sowie selbst fahrende Geräte, tragbare Spritzen und Rückenspritzen.

Pflanzenschutzmittel

Stoffe, die dazu bestimmt sind,
- Pflanzen oder Pflanzenerzeugnisse vor Schadorganismen zu schützen,
- Pflanzen oder Pflanzenerzeugnisse vor Tieren, Pflanzen oder Mikroorganismen zu schützen, die nicht Schadorganismen sind,
- die Lebensvorgänge von Pflanzen zu beeinflussen, ohne ihrer Ernährung zu dienen (Wachstumsregler),
- das Keimen von Pflanzenerzeugnissen zu hemmen.

Ausgenommen sind Wasser, Düngemittel im Sinne des Düngemittelgesetzes und Pflanzenstärkungsmittel. Als Pflanzenschutzmittel gelten auch Stoffe, die dazu bestimmt sind, Pflanzen abzutöten oder das Wachstum von Pflanzen zu hemmen oder zu verhindern.

Pflanzenstärkungsmittel

Stoffe, die
- ausschließlich dazu bestimmt sind, die Widerstandsfähigkeit von Pflanzen gegen Schadorganismen zu erhöhen,
- dazu bestimmt sind, Pflanzen vor nichtparasitären Beeinträchtigungen zu schützen,
- für die Anwendung an abgeschnittenen Zierpflanzen außer Anbaumaterial bestimmt sind.

Sachkunde

Nach geltendem Recht dürfen Pflanzenschutzmittel nur von Personen angewandt werden, die die erforderliche Zuverlässigkeit und die erforderlichen fachlichen Kenntnisse besitzen. Analog muss jede Person, die im Einzel- und Versandhandel Pflanzenschutzmittel abgibt, die erforderliche Zuverlässigkeit und Sachkunde besitzen. Ein Nachweis kann erfolgen:
- durch die Vorlage eines Zeugnisses über eine bestandene Berufsabschluss-, Fortbildungs- oder Umschulungsprüfung oder über ein abgeschlossenes Hoch- oder Fachhochschulstudium in bestimmten Berufsgruppen oder
- durch eine Prüfung nach der Pflanzenschutz-Sachkundeverordnung.

- Auf Antrag kann die zuständige Behörde auch den erfolgreichen Abschluss in einer anderen Aus-, Fort- oder Weiterbildung als Nachweis der erforderlichen fachlichen Kenntnisse und Fertigkeiten anerkennen, wenn die Vermittlung solcher Kenntnisse und Fertigkeiten Gegenstand der Aus-, Fort- oder Weiterbildung gewesen ist.

Im Haus- und Kleingartenbereich ist dieser Nachweis nicht erforderlich, allerdings hat der Gesetzgeber hier im Sinne des Verbraucherschutzes Vorsorge getroffen, indem er die für den Haus- und Kleingartenbereich erlaubten Mittel vorgibt.

Systematische Kontrollen

Systematische Kontrollen sind vorab geplante und bezüglich des Kontrollumfangs festgelegte Überprüfungen. Der Kontrollumfang kann bei systematischen Kontrollen alle vor Ort prüfbaren Kontrolltatbestände umfassen oder auf bestimmte Tatbestände reduziert sein (Schwerpunktkontrollen). Die risikobasierten Schwerpunkte der Kontrollen können jährlich wechseln.

Verunreinigungen

Jeder Bestandteil außer dem reinen Wirkstoff und/oder der Wirkstoffvariante, der/die sich im technischen Material befindet (auch durch Herstellungsprozess oder den Abbau während der Lagerung entstanden).

Wirkstoffe von Pflanzenschutzmitteln

Chemische Elemente oder deren Verbindungen, wie sie natürlich vorkommen oder zu gewerblichen Zwecken hergestellt werden, einschließlich der Verunreinigungen, mit Wirkung auf Schadorganismen oder Pflanzen oder Pflanzenerzeugnisse; Mikroorganismen einschließlich Viren und ähnliche Organismen sowie ihre Bestandteile sind den chemischen Elementen gleichgestellt.

Zusatzstoffe

Stoffe, die dazu bestimmt sind, Pflanzenschutzmitteln zugesetzt zu werden, um ihre Eigenschaften oder Wirkungen zu verändern, ausgenommen Wasser und Düngemittel.

8 Adressen der zuständigen Behörden für die Verkehrs- und Anwendungskontrollen

Baden-Württemberg
Landwirtschaftliches Technologiezentrum
Augustenberg (LTZ)
Außenstelle Stuttgart
Reinsburgstraße 107, 70197 Stuttgart
Tel.: 0711 6642-400, Fax: 0711 6642-499
E-Mail: poststelle@ltz.bwl.de
http://www.LTZ-Augustenberg.de

Regierungspräsidium Stuttgart
– Pflanzenschutzdienst –
Postfach 80 07 09, 70507 Stuttgart
Ruppmannstr. 21, 70565 Stuttgart
Tel.: 0711 904-0; Fax: 0711 904-2938
E-Mail: Abteilung3@rps.bwl.de

Regierungspräsidium Karlsruhe
– Pflanzenschutzdienst –
Schlossplatz 1–3, 76131 Karlsruhe
Tel.: 0721 926-0; Fax: 0721 926-5337
E-Mail: Abteilung3@rpk.bwl.de

Regierungspräsidium Freiburg
– Pflanzenschutzdienst –
Bertoldstraße 43, 79098 Freiburg/Breisgau
Tel.: 07 61 208-0; Fax: 0761 208-1236
E-Mail: Abteilung3@rpf.bwl.de

Regierungspräsidium Tübingen
– Pflanzenschutzdienst –
Postfach 26 66, 72016 Tübingen
Konrad-Adenauer-Straße 20, 72072 Tübingen
Tel.: 07071 757-0; Fax: 07071 757-31 90
E-Mail: Abteilung3@rpt.bwl.de

Bayern
Anwendungskontrolle:
Bayerische Landesanstalt für Landwirtschaft
– Institut für Pflanzenschutz –
Lange Point 10, 85354 Freising
Telefon: 08161 71-5213, Telefax: 08161 71-5198
E-Mail: Pflanzenschutz@LfL.bayern.de
http://www.LfL.bayern.de

Verkehrskontrolle:
Bayerische Landesanstalt für Landwirtschaft
– Verkehrs- und Betriebskontrollen –
Am Gereuth 8, 85354 Freising
Telefon: 08161 71-3137, Telefax: 08161 71-5227
E-Mail: IPZ@LfL.bayern.de

Berlin
Pflanzenschutzamt Berlin
Mohriner Allee 137, 12347 Berlin
Telefon: 030 700006-0, Telefax: 030 700006-255
E-Mail: pflanzenschutzamt@senstadt.berlin.de
http://www.stadtentwicklung.berlin.de/pflanzenschutz

Brandenburg
Landesamt für Verbraucherschutz, Landwirtschaft und Flurordnung
– Pflanzenschutzdienst –
Postfach 13 70, 15203 Frankfurt (Oder) -Markendorf
Ringstraße 1010, 15236 Frankfurt (Oder) -Markendorf
Telefon: 0335 5217-622, Telefax: 0335 5217370
E-Mail: poststelle.pflanzenschutzdienst@lvlf.brandenburg.de
http://www.luis.brandenburg.de/l/psd

Bremen
Lebensmittelüberwachungs-, Tierschutz- und Veterinärdienst Bremen
– Pflanzenschutzdienst –
Findorffstraße 101, 28215 Bremen
Telefon: 0421 361- 6106, Telefax: 0421 361-16644
E-Mail: verbraucherschutz@gesundheit.bremen.de
http://www.lmtvet.bremen.de

Hamburg
Behörde für Wirtschaft und Arbeit
Pflanzenschutzdienst
Ohnhorststraße 18, 22609 Hamburg
Telefon: 040 42816-591, Telefax: 040 427941-069
E-Mail: pflanzenschutzdienst@bwa.hamburg.de
http://www.pflanzenschutzamt-hamburg.de

Hessen
Regierungspräsidium Gießen
Pflanzenschutzdienst Hessen
Schanzenfeldstraße 8, 35578 Wetzlar
Telefon: 0641 303-5210, Telefax: 0641 303-5104
E-Mail: martin.kerber@rpgi.hessen.de
http://www.rp-giessen.de

Mecklenburg-Vorpommern
Landesamt für Landwirtschaft, Lebensmittelsicherheit
und Fischerei Mecklenburg-Vorpommern
– Abteilung Pflanzenschutzdienst –
Graf-Lippe-Str. 1, 18059 Rostock
Telefon: 0381 4035-0, Telefax: 0381 4922-665
E-Mail: pflanzenschutzdienst@lallf.mvnet.de
http://www.lallf.de

Niedersachsen
Landwirtschaftskammer Niedersachsen
Pflanzenschutzamt
Standort Hannover
Wunstorfer Landstraße 9, 30453 Hannover
Telefon: 0511 4005-0, Telefax: 0511 4005-2120
E-Mail: Pflanzenschutzamt@lwk-niedersachsen.de
http://www.ml.niedersachsen.de
http://www.lwk-niedersachsen.de

Nordrhein-Westfalen
Pflanzenschutzdienst der
Landwirtschaftskammer Nordrhein-Westfalen
Postfach 30 08 64, 53188 Bonn
Siebengebirgsstraße 200, 53229 Bonn-Roleber
Telefon: 0228 703-0, Telefax: 0228 703-2102
E-Mail: pflanzenschutzdienst@lwk.nrw.de
http://www.landwirtschaftskammer.de/fachangebot/pflanzenschutz/

Rheinland-Pfalz
Aufsichts- und Dienstleistungsdirektion Trier
Referat 42 – Pflanzenschutz –
Postfach 13 20, 54203 Trier
Willy-Brandt-Platz 3, 54290 Trier
Telefon: 0651 9494-0, Telefax: 0651 9494-170
E-Mail: poststelle@add.rlp.de
http://www.agrarinfo.rlp.de

Saarland
Anwendungskontrolle:
Landesamt für Agrarwirtschaft und Landentwicklung
Dörrenbachstraße 2, 66822 Lebach
Telefon: 06881 500-104, Telefax: 06881 500-101
E-Mail: a.hoffmann@lal.saarland.de
http://www.umwelt.saarland.de

Verkehrskontrolle:
Landwirtschaftskammer Saarland
Dillinger Straße 67, 66822 Lebach
Telefon: 06881 928-111, Telefax: 06881 928-100
E-Mail: lwk-saar-dr.brueck@t-online.de

Sachsen
Sächsisches Landesamt für Umwelt, Landwirtschaft
und Geologie
Abteilung 3 – Vollzug Agrarrecht, Förderung
Referat 35a – Kontrolldienst, Pflanzlicher Bereich
Söbrigener Straße 3a, 01326 Dresden
Telefon: 0351 -26 12 35 01, Telefax: 0351-26 12-35 99
E-Mail: katrin.kittler@smul.sachsen.de
http://www.smul.sachsen.de/lfulg

Sachsen-Anhalt
Landesanstalt für Landwirtschaft, Forsten und Gartenbau,
Dezernat Pflanzenschutz
Strenzfelder Allee 22, 06406 Bernburg
Telefon: 03471 334-0, Telefax: 03471 334-105
E-Mail: poststellelpsa@llfg.mlu.sachsen-anhalt.de
http://www.llg-lsa.de

Schleswig-Holstein
Landwirtschaftskammer Schleswig-Holstein
Abt. Pflanzenbau, Pflanzenschutz, Landtechnik
Referat Genehmigungen, Kontrolle und Sachkunde
Westring 383, 24118 Kiel
Telefon: 0431 880-1321, Telefax: 0431 880-1314
E-Mail: mfeil@lksh.de
http://lwksh.de

Thüringen
Thüringer Landesanstalt für Landwirtschaft
Referat 410 – Pflanzenschutz –
Kühnhäuser Straße 101, 99189 Erfurt-Kühnhausen
Telefon: 0361 55068-0, Telefax: 0361 55068-140
E-Mail: postmaster@kuehnhausen.tll.de
http://www.tll.de

MIX
Papier aus verantwortungsvollen Quellen
Paper from responsible sources
FSC® C105338

If you have any concerns about our products,
you can contact us on
ProductSafety@springernature.com

In case Publisher is established outside the EU,
the EU authorized representative is:
Springer Nature Customer Service Center GmbH
Europaplatz 3, 69115 Heidelberg, Germany

Printed by Libri Plureos GmbH
in Hamburg, Germany